大众安全与防护普及知识丛书　总主编　唐克东

安全用电知识读本

陈根生　编著

黄河水利出版社
·郑州·

内 容 提 要

本书以电气为主体,以安全为中心,介绍了电气安全方面的基本知识、电气安全事故及防护、电气设备与安全技术、电气安全常用装置、电气防雷、安全用电器具的使用及安全用电管理等方面的内容。

本书可供电工专业从业人员学习使用,也可供其他专业技术人员、安全员、运行维修人员参考使用,还可作为安全用电知识的普及读本。

图书在版编目(CIP)数据

安全用电知识读本/陈根生编著. —郑州:黄河水利出版社,2011.9
(大众安全与防护普及知识丛书/唐克东主编)
ISBN 978 - 7 - 5509 - 0125 - 4

Ⅰ.①安… Ⅱ.①陈… Ⅲ.①安全用电 - 基本知识 Ⅳ.①TM92

中国版本图书馆 CIP 数据核字(2011)第 198240 号

出 版 社:黄河水利出版社
　　　　地址:河南省郑州市顺河路黄委会综合楼14层　邮政编码:450003
发行单位:黄河水利出版社
　　　　发行部电话:0371 - 66026940、66020550、66028024、66022620(传真)
　　　　E-mail:hhslcbs@126.com
承印单位:郑州海华印务有限公司
开本:850 mm×1 168 mm　1/32
印张:4.125
字数:111 千字　　　　　　　　　印数:1—4 000
版次:2011 年 11 月第 1 版　　　　印次:2011 年 11 月第 1 次印刷
定价:24.00 元

前　言

　　随着社会的迅速发展和物质文明的巨大进步,电力的应用已经和工业、农业、交通、国防、科学技术以及日常生活密切相关。由于电的特殊性,随之而来的电气安全问题越来越突出。在生产和使用过程中,如果不重视用电安全,极有可能造成人身伤害或财产的巨大损失。用电事故的发生,除可能造成设备损坏、人员伤亡外,还可能造成系统大面积停电,给工农业生产和人民生活带来很大的影响。

　　电气安全是实践性很强的一门工程技术。本书简要地介绍了电工方面的基本知识;详细分析了电气工作中人身触电、电气火灾及电气设备损坏等电气事故的原因及防护措施,对触电急救、电气火灾防范等进行了全方位的讲解;对各类电气设备及其安全技术、电气安全常用装置、电气防雷等工程技术进行了阐述;介绍了保证人身安全和设备安全的安全用电管理制度及技术措施、常用电工工具及器具的使用等方面的内容。知识体系完备,实用性强。

　　本书可供电工专业从业人员学习使用,也可供其他专业技术人员、安全员、运行维修人员参考使用,还可作为安全用电知识的普及读本。

　　由于作者水平有限,书中难免存在疏漏及不足之处,敬请读者批评指正。

作　者

2011 年 6 月

目 录

第1章　电工基础知识

1.1　电路基础

电是一种自然现象,是一种能量,是像光、磁等的一种自然存在。电依附于带电微粒(也叫电荷),电荷分为正电荷和负电荷。

人类对电的认识是一个漫长的过程,随着社会文明的进步,人类对电的规律的掌握和电在社会生产、生活中的应用极大地减轻了人类的体力劳动和脑力劳动强度,使人类认识世界和改造世界的能力获得了极大的提高。

1.1.1　电路的概念

电路就是各种电气元器件按一定的方式连接起来的电流流通的回路,图 1-1 所示就是一个简单的电路图。

在日常生活和生产实践中,电路无处不在,从照明电路、家用电器到工业电器等,都有电路的存在。

电路一般由电源、负载和中间环节三部分组成。

1.1.1.1　电源

电源是为电路提供电能的部分,如电池、发电机等,图 1-1 中的 E 即为电源。

1.1.1.2　负载

负载是指消耗或转换电能的部分,如光源、电动机等,图 1-1 中的 R 即为负载。

图 1-1　简单电路图

1.1.1.3　中间环节

中间环节主要指连接及控制电源和负载的部分,如导线、开关等,图 1-1 中的 K 即为开关。

电路分外电路和内电路。从电源一端经过负载回到电源另一端的电路,称为外电路。电源内部的通路称为内电路,如电池两极之间的电路就是内电路。

1.1.2　电路中的主要物理量

电路中的主要物理量有电流、电压和电功率。

1.1.2.1　电流

1)电流的形成

任何物质都由分子组成,分子由原子组成,而原子又由带正电的原子核和带负电的电子组成。通常情况下,原子核所带的正电荷数等于核外电子所带的负电荷数,所以原子是中性的,不显电性,物质也不显带电的性能。当人们给予一定外加条件(如接上电源)时,就能迫使金属或某些溶液中的电子发生有规则的移动。电荷的定向移动就形成了电流。

2)电流的方向

一般规定正电荷移动的方向为电流的方向。

3)直流电和交流电

电流方向不随时间变化的电流叫直流电,用大写字母 I 表示;电流方向随时间变化的电流叫交流电,用小写字母 i 表示。区分直流电和交流电,仅仅看其方向即可,与量的大小无关。

4)电流的大小

电流的大小称为电流强度,简称电流,它等于单位时间内通过导体截面的电荷量。电流的国际单位是安培,简称为安,用字母 A 来表示。电流的其他常用单位有千安培(kA)、毫安培(mA)和微安培(μA)。它们之间的换算关系为 1 kA = 1 000 A,1 A = 1 000 mA,1 mA = 1 000 μA。

1.1.2.2　电压

1)电压的形成

像水位有高低落差可以形成水流一样,电路中的电流也是因为电路中两点之间有一个电位差,这个电位差就称为电压。

2)电压的大小

电压的大小等于单位正电荷受电场力的作用从某一点移动到另一点所做的功,它的方向规定为从高电位指向低电位的方向。电压的国际单位为伏特,用字母 V 来表示。电压的其他常用单位有千伏(kV)、毫伏(mV)和微伏(μV)等,它们之间的换算关系为 1 kV = 1 000 V,1 V = 1 000 mV,1 mV = 1 000 μV。

3)直流电压和交流电压

如果电压的大小及方向都不随时间变化,则称为恒定电压,也叫直流电压,用大写字母 U 表示。

如果电压的大小及方向随时间而变化,则称为交变电压,用小写字母 u 表示。

在电路分析中,有一种重要的交变电压就是正弦交流电压,简称交流电压,其大小及方向均随时间按正弦规律作周期性变化。

1.1.2.3　电功率

电功率是表示电气元器件消耗或转换电能快慢的一个物理量,也就是指单位时间内电气元器件上电能的变化量。电功率常简称为功率,用字母 P 来表示。

功率的大小等于电气元器件在单位时间内所消耗的电能,即

$$P = W/t \tag{1-1}$$

式中　P——电功率,单位为瓦(W);

W——电能,单位为焦耳(J);

t——时间,单位为秒(s)。

功率与电气元器件上的电压及流过的电流有关,是电压与电流的乘积,即

$$P = UI \tag{1-2}$$

式中　U——电压,单位为 V;

I——电流,单位为 A。

由式(1-1)可推导出电能与电功率和时间的关系为

$$W = Pt$$

电能的国际单位是焦耳,用字母 J 来表示。工程上常用瓦·小时(Wh)或千瓦·小时(kWh)来表示电能的大小。它们之间的关系为 1 kWh = 1 000 Wh = 3.6 × 10⁶ J。

通常所说的一度电就是 1 kWh,可理解为 1kW 功率的电器在 1 小时(h)内所消耗的电能。

1.1.2.4 负载的额定值

实际应用中,为使电气元器件或负载能长期安全地工作,都规定了一个最高工作温度。电气元器件的工作温度取决于其中电能所转换的热能部分,而热能又由负载的电流、电压或功率决定。因此,我们把电气元器件或负载能长期安全工作所许可的电流、电压和功率分别称为额定电流、额定电压和额定功率。

设备外壳铭牌上所标定的数值均为额定值。

1.1.3 电路的三种状态

电路有通路、开路和短路三种状态。

1.1.3.1 通路

图 1-1 中,开关 K 闭合,构成闭合回路,电路中有电流通过,这种状态叫通路。

在通路状态下,根据负载的大小有满载、轻载和过负荷三种情况。负载在额定功率下的工作状态称额定工作状态或满载,负载低于额定功率的工作状态叫轻载,负载高出额定功率的工作状态叫过负荷。

1.1.3.2 开路

图 1-1 中,开关 K 断开或电路某一处断开,被切断的电路中没有电流通过,这种状态叫开路,开路也叫断路。

1.1.3.3 短路

如图 1-2 所示,若负载被阻值近似为零的导体直接接通,这时电源就处于短路

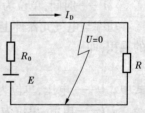

图 1-2 短路状态

状态。在短路状态下,由于电源内电阻 R_0 很小,致使电路中短路电流 I_D 达到很大,从而使电源烧毁。

防止短路常见的方法是在电路中安装熔断器。熔断器中的熔丝是由低熔点的铅锡合金、银丝制成的。当电流增大到一定数值时,熔丝先被烧断,从而达到切断电路、保护电气元器件的目的。

1.1.4 串联电路、并联电路与混联电路

1.1.4.1 串联电路

将几个负载元器件依次相连,而连接点处无分支,同一电流顺序流过各个元件,这种连接方式就叫串联电路,如图 1-3 所示。

串联电路的特点:

(1)串联电路中每个电阻都流过同样的电流,即

$$I = I_1 = I_2 = I_3 \qquad (1\text{-}3)$$

(2)电路两端的总电压等于各个电阻元件两端电压之和,即

$$U = U_1 + U_2 + U_3 \qquad (1\text{-}4)$$

(3)串联电路的总电阻(等效电阻)等于各串联电阻之和,即

$$R = R_1 + R_2 + R_3 \qquad (1\text{-}5)$$

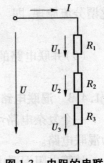

图 1-3 电阻的串联

(4)串联电路中,各电阻上的分压与各电阻值成正比,此谓分压原理,即

$$U_1 : U_2 : U_3 = R_1 : R_2 : R_3 \qquad (1\text{-}6)$$

(5)串联电路的总功率等于各元器件功率之和,即

$$P = P_1 + P_2 + P_3 \qquad (1\text{-}7)$$

1.1.4.2 并联电路

将几个负载元器件并列相连,连接点处形成分支,电流分配后流过并列的各个元件,这种连接方式叫并联电路,如图 1-4 所示。

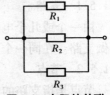

图 1-4 电阻的并联

并联电路的特点：

（1）并联电路中各电阻承受同一个电压，即

$$U = U_1 = U_2 = U_3 \tag{1-8}$$

（2）并联电路中的总电流等于流过各电阻的电流之和，即总电流等于各支路电流之和

$$I = I_1 + I_2 + I_3 \tag{1-9}$$

（3）并联电路的总电阻（等效电阻）的倒数，等于各并联电阻的倒数之和，即

$$\frac{1}{R} = \frac{1}{R_1} + \frac{1}{R_2} + \frac{1}{R_3} \tag{1-10}$$

（4）在并联电路中，各支路分配的电流与支路的电阻值成反比，此谓分流原理，即

$$I_1 : I_2 = R_2 : R_1 \tag{1-11}$$

（5）并联电路的总功率等于各元器件功率之和，即

$$P = P_1 + P_2 + P_3 \tag{1-12}$$

1.1.4.3　混联电路

一个复杂电路可能既有串联电路又有并联电路，这种电路就称为混联电路。

计算电阻混联电路时，一般先求出并联或串联部分的等效电阻，逐步化简，求出总的等效电阻，计算出总电流，然后求各部分的电压、电流和功率等。

1.1.5　电路中的支路、节点和回路

1.1.5.1　支路

由一个或几个电气元器件（电阻或电源）串联成的无分支电路叫做支路。在同一个支路中各元器件通过的电流是相等的。

1.1.5.2　节点

节点是指支路的连接点。即由三条或三条以上的支路相连的交点叫做节点。如图1-5中的节点1和节点2。

1.1.5.3　回路

电路中任一闭合路径都称为回路。一个回路可能包含几个支路及若干个节点。如图 1-5 中含有三个回路和二个节点。

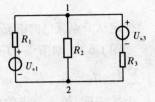

1.1.6　电路中的基本定律

图 1-5　电路中的节点和回路

1.1.6.1　欧姆定律

在一个简单电路中,存在电压就会产生电流,而负载则抽象成一个电阻,那么,电流、电压与电阻三者之间的数量关系就称为电路的欧姆定律:流过电阻的电流与电阻两端的电压成正比,即

$$I = U/R \qquad (1\text{-}13)$$

式中　R——电阻,单位为欧姆(Ω)。

欧姆定律说明:若电路中电阻不变,当电压增加时,电流与电压成正比地增加;相反,当电压降低时,电流与电压成正比地减小。若电压保持不变,当电阻增大时,电流与电阻成反比地减小;相反,当电阻减小时,电流与电阻成反比地增大。

欧姆定律还可以写成

$$U = IR$$
$$R = U/I$$

1.1.6.2　基尔霍夫定律

在电路中,各个支路电压和支路电流要受到两类约束:一类是元器件的特性对元器件的电压和电流造成的约束,例如,线性电阻元器件的电压和电流必须满足 $U = IR$ 的关系,这就是欧姆定律;另一类是元器件的连接给支路电压和支路电流带来的约束,这类约束关系就是基尔霍夫定律。

基尔霍夫定律是电路的基本定律,它包含电流定律和电压定律。

1)基尔霍夫电流定律

在任一时刻,对任一节点,所有支路电流的代数和恒等于零,即

$$\sum I = 0 \qquad\qquad (1\text{-}14)$$

规定从节点流出的电流为正,流入节点的电流为负。

如图1-6中,对节点1应有

$$\sum I = I_1 - I_2 - I_3 + I_4 + I_5 = 0$$

上式表明,流入节点的电流之和等于从该节点流出的电流之和,即电路中任何一处的电流都是连续的。

图1-6 节点1的电流

2)基尔霍夫电压定律

在任一时刻,沿任一闭合回路,各支路或元器件电压的代数和恒等于零,即

$$\sum U = 0 \qquad\qquad (1\text{-}15)$$

规定凡电压参考方向与回路绕行方向一致者,在式中该电压前面取"+"号;电压参考方向与回路绕行方向相反时,则前面取"−"号。

如图1-7所示的电路,则应有

$$\sum U = I_1 R_1 + I_2 R_2 - U_{s3} + I_3 R_3 - I_4 R_4 - U_{s4} = 0$$

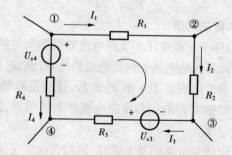

图1-7 电压定律示例

1.2　三相交流电基础

1.2.1　基本概念

　　三相交流电通常是由三相交流发电机产生的。在三相交流发电机中,有三个相同的绕组即线圈,三个绕组的始端分别用 A、B、C 表示,末端分别用 X、Y、Z 表示。A－X、B－Y、C－Z 三个绕组分别称为 A 相、B 相、C 相绕组。由于发电机结构的原因,这三相绕组所发出的三相电动势幅值相等,频率相同,相位互差 120°。三相交流发电机原理图及三相电动势波形图如图 1-8 所示。

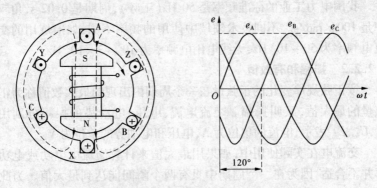

图 1-8　三相交流发电机原理图及三相电动势波形图

三相电动势的特点是:
　　(1)各相电动势的波形都是按正弦规律变化的。
　　(2)它们的周期相等,最大值相等。
　　(3)三个电动势的相位彼此相差 120°。

1.2.2　交流电的三要素

　　按正弦规律变化的交流电,其变化的特征主要表现在变化的快慢、大小及初始状态三个方面,可分别用频率(或周期、角频率)、振幅(或有效值)和初相位来表示,这三个量就称为交流电的三要素。

1.2.2.1 频率、周期和角频率

交流电变化一周所需的时间叫周期,用 T 来表示,单位为秒(s)。

单位时间内交流电变化的周期数叫频率,用 f 来表示,单位为赫兹(Hz)。

正弦交流电每秒钟变化的电角度称为角频率,用符号 ω 来表示,单位为弧度每秒(rad/s)。

频率和周期的关系为

$$f = 1/T \tag{1-16}$$

角频率与周期及频率的关系为

$$\omega = 2\pi f = 2\pi/T \tag{1-17}$$

我国电力工业的标准频率是 50 Hz(工频),周期是 0.02 s,角频率是 100π rad/s。不同技术领域中使用的频率不同,如冶炼用的交流电频率为 $50 \sim 10^8$ Hz,无线电用电频率为 $10^5 \sim 3 \times 10^8$ Hz。

1.2.2.2 振幅和有效值

按正弦规律变化的正弦量在一个周期内出现的最大数值称为正弦量的最大值,又叫振幅。交流电流、电压、电动势的振幅分别用 I_m、U_m、E_m 表示,电流的单位为 A,电压和电动势的单位为 V。

交流电在实际使用中,如果用最大值来计算交流电电功或电功率并不合适,因为在一个周期中只有两个瞬间能达到最大值。为此通常用有效值来计算交流电的实际效应。

在相同的周期内,能够等效于正弦交流电电功率的直流电的数值,就称为交流电的有效值。交流电流、电压、电动势的有效值分别用 I、U、E 表示。低压 380 V/220 V 指的就是有效值。

1.2.2.3 相位和初相位

正弦量的相位或相位角,反映的是正弦量每一瞬间的状态,即某瞬间正弦量的数值、方向及变化趋势,用 φ 来表示,单位是弧度(rad)。

正弦交流电在计时起点 $t = 0$ 时的相位叫做初相角,分别用 φ_i、

φ_u、φ_e 表示电流初相角、电压初相角、电动势初相角。

综合以上三要素,正弦交流电的基本公式为

$$u(t) = U_m \sin(\omega t + \varphi_u) \qquad (1\text{-}18a)$$

$$i(t) = I_m \sin(\omega t + \varphi_i) \qquad (1\text{-}18b)$$

$$e(t) = E_m \sin(\omega t + \varphi_e) \qquad (1\text{-}18c)$$

1.2.3 三相交流电路的星形连接和三角形连接

1.2.3.1 星形连接

星形连接是把三相绕组的相尾 U_2、V_2、W_2 连接在一起,从三个相头 U_1、V_1、W_1 引出连接负载的导线,如图 1-9 所示。相尾 U_2、V_2、W_2 连接在一起的节点称为中性点。

从中性点引出的导线称为中性线,也叫零线。从相头引出的导线称为端线,也叫火线。端线与中线之间的电压,称为相电压。端线与端线之间的电压,称为线电压。

星形连接中,线电压的大小是相应相电压的 $\sqrt{3}$ 倍。如在我国低压配电系统中,相电压为 220 V,线电压约为 380 V。

1.2.3.2 三角形连接

三角形连接是把一相绕组的相尾和相邻一相绕组的相头依次连接,形成一个闭合的三角形,再从三个相头 U_1、V_1、W_1 引出 3 根连接负载的导线,如图 1-10 所示。

三角形连接中,线电压的大小与相电压相等。

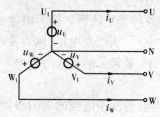

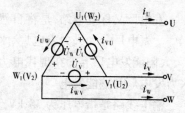

图 1-9　三相交流电路的星形连接　　图 1-10　三相交流电路的三角形连接

1.3 电力系统基础

1.3.1 电力系统和电力网

电力系统是由各种类型发电厂中的发电机、各种电压等级的变压器及输配电线路、用户的各种类型用电设备组成的一个整体。电力系统包括发电、变电、输电、配电到用电这样一个全过程。

电力系统中的各种电压等级的变电所及输配电线路组成的部分,称为电力网。

1.3.2 电力系统的组成

电力系统由发电厂、输电线路、变电所、配电网和电力负荷组成,图 1-11 是电力系统组成示意图。

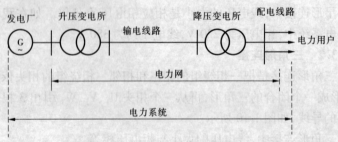

图 1-11 电力系统示意图

发电厂又称发电站,是将自然界的各种非电能源转换为电能的工厂。发电厂分为火力发电厂、水力发电厂、核能发电厂、风力发电厂、太阳能发电厂等。在现代电力系统中,最常见的是火力发电厂、水力发电厂和核能发电厂。

输电线路是指电压为 35 kV 及其以上的输送电能的电力线路,作用是将电能输送到各个地区的区域变电所和大型企业的用户变电所。输电线路有架空线路和电缆线路两种。

变电所是构成电力系统的中间环节,作用是汇集电源、升降电压和分配电力。变电所有区域变电所和用户变电所,区域变电所也叫中心变电所。

配电网由电压为 10 kV 及其以下的配电线路和相应电压等级的变电所组成,作用是将电能分配到各类用户。配电网也有架空线路和电缆线路之分。

电力负荷指经济生产各部门用电以及居民生活用电的各种负荷。

1.3.3 电压等级和电力负荷等级

1.3.3.1 电压等级

电压有高压、低压之分。高压又分中压(1 ~ 10 kV)、高压(20 ~ 220 kV)、超高压(330 ~ 1 000 kV)和特高压(>1 000 kV)。低压在我国最常用的是 380 V 和 220 V 电压,在国外有不同的低压电压。

就直流电压而言,我国常用的有 110 V、220 V、440 V 三个电压等级。

1.3.3.2 电力负荷等级

电力负荷分为一级负荷、二级负荷和三级负荷。

1)一级负荷

一级负荷为中断供电将造成人身伤亡或在政治、经济上将造成重大损失者。如重大设备损坏、重大产品报废、国民经济中重点企业的连续生产过程被打乱而需要长时间才能恢复等。

2)二级负荷

二级负荷为中断供电将在政治、经济上造成较大损失者。如主要设备损坏、大量产品报废、连续生产过程被打乱需要较长时间才能恢复、重大企业大量减产等。

3)三级负荷

三级负荷为一般的电力负荷。所有不属于上述一、二级电力负荷者都属于三级负荷。

不同级别的负荷对供电电源有不同的要求。一级负荷要求应由两个电源供电,且当任意一个电源发生故障时,另一个电源应不致同时受到损坏。此外,对一级负荷中特别重要的负荷,还要求增设应急电源。二级负荷要求应由两回路供电,供电变压器也应有两台。在其中一回路或一台变压器发生常见故障时,二级负荷应做到不致中断供电,或中断后能够迅速恢复供电。三级负荷属不重要负荷,对供电电源无特殊要求。

1.3.4　电压与用电设备的关系

电压的稳定对用电设备的运行有着很大的影响。实际上,电网电压是否稳定(如存在电压波动)、电压波形频率是否畸变(如产生谐波)是衡量电力系统电能质量的两个基本参数。设备的端电压与额定电压有偏差时,设备的工作性能和使用寿命将受到影响,总的运行效率将下降。

在行业标准中,各类用电设备都在铭牌上标明额定电压等参数值,用电设备必须在额定电压下工作。如果电源电压超标准降低或升高时,轻则不能正常工作,重则会引起设备损坏等事故。

电源电压的偏高或偏低对用电设备的影响主要体现在以下几个方面。

1.3.4.1　动力设备

电动机是应用最为广泛的一种用电设备。对普通的感应电动机来说,运行特性与电压的关系相当密切,若电压下降,由于电动机转矩与电压的平方成正比,转矩将会显著减小,从而引起转速降低,而定子和转子的电流显著增大,故电动机发热加剧,温度上升甚至被烧毁;若电源电压过高,不仅电动机绝缘可能受损,电动机铁芯内的磁通密度也会增高以至饱和,从而使励磁电流与铁耗都大大增加,造成电动机过热,还会使波形变化或出现高频谐振。

1.3.4.2　照明设备

白炽灯在电源电压降低时发光效率急剧下降,但电压升高时,灯泡的使用寿命又大大缩短。而对日光灯来说,电源电压每降低或升高 5% ,亮度将减少或增大 10% 。高电压造成的高亮度,会对日光灯内的荧光材料及日光灯的使用寿命造成较大影响。

1.3.4.3 电子设备

广播、电视、通信及其他电子设备等,对电压质量的要求很高,电源电压过高或过低都会使其运行特性发生变化而影响正常工作。

第2章　安全用电及电气事故

2.1　触电及其危害

2.1.1　触电及触电对人体的伤害

由于人体是电的导体,能通过电流,所以当人体接触带电体,或与高压带电体之间的距离小于安全距离时,电流就会通过人体,这种情况称为触电。

触电会对人体造成伤害,常见的伤害主要是电击和电伤。

电击是指电流通过人体内部,使组织细胞受到破坏,从而引起全身发热、发麻、肌肉抽搐、神经麻痹、昏迷以至窒息、心脏停止跳动而死亡。

电伤是指电流对人体外部所造成的局部伤害,它是由电流的热效应造成的人体皮肤灼伤、熔伤,严重的也能致人残疾甚至死亡。

2.1.2　触电原因

根据多年的触电事故统计分析,触电的主要原因如下。

2.1.2.1　缺乏电气安全知识

如在电线附近放风筝;低压架空线折断后用手误碰火线;带电接线,误触带电体;手触摸破损的胶盖刀闸;儿童在水泵、电动机外壳上玩耍;触摸灯头或插座;随意乱动电器等。

2.1.2.2　违反安全操作规程

如带负荷拉高压隔离开关;在高低压同杆架设的线路电杆上检修低压线或广播线时碰触有电导线;在高压线路下修造房屋时触及高压线;剪修高压线附近树木时触及高压线;带电换电杆架线;带电

拉临时照明线;带电修理电动工具;带电换行灯变压器;带电搬动用电设备;火线误接在电动工具外壳上;用湿手拧灯泡等。

2.1.2.3 设备不合格

高压架空线架设高度离房屋等建筑的距离不符合安全距离要求;高压线和附近树木距离太近;高低压交叉线路中,低压线误设在高压线上面;用电设备进出线未包扎好,裸露在外等。

2.1.2.4 维修管理不善

大风刮断低压线路和刮倒电杆后不及时处理;胶盖刀闸胶木盖破损不及时修理;瓷瓶破裂后火线与拉线长期相碰;水泵电动机接线破损使外壳带电等。

2.1.2.5 偶然因素

大风刮断电力线路、大雪压垮电力线路,被人体触及等。

为了避免触电事故,应当加强电气安全知识的教育和学习,贯彻执行安全操作规程和其他电气规程,采用合格的电气设备,保持电气设备的安全运行。

2.1.3 触电事故规律

触电事故往往发生得非常突然,且会在极短的时间内造成严重的后果,死亡率较高。触电事故有一些规律,掌握这些规律对于安全检查和实施安全技术措施以及安排其他的电气安全工作有很大意义。

2.1.3.1 触电事故有明显的季节性

据资料统计,一年之中的 6~9 月是电气事故的集中发生期。主要原因是:①夏秋天气潮湿、多雨,降低了电气设备的绝缘性能;②人体多汗,人体电阻降低,易导电;③天气炎热,工作人员不愿穿工作服和带绝缘护具,触电危险性增大;④正值农忙季节,农村用电量增加,触电事故增多。

2.1.3.2 低压触电多于高压触电

国内外统计资料表明,低压触电事故所占触电事故比例要大于高压触电事故所占触电事故比例。主要原因是:①低压设备多,低压电网广,与人接触机会多;②设备简陋,管理不严,思想麻痹;③群众缺乏电气安全知识。

但对专业电工而言,其发生触电事故比例恰恰相反,即专业电工的高压触电事故比低压触电事故多。

2.1.3.3　触电事故呈现地域特点

据统计,农村触电事故多于城市,主要原因是农村用电设备简陋,技术水平低,管理不善,且电气安全知识严重缺乏。

2.1.3.4　触电事故因人而异

中青年工人、非专业电工、临时工等发生触电事故较多。主要原因是:①这些人多是电气的主要操作者,接触电气设备的机会多;②多数电气操作者经验不足,责任心不强,操作太大意,电气安全知识比较欠缺等。

2.1.3.5　触电事故多发生在电气连接部位

统计资料表明,电气事故点多数发生在接线端、压接头、焊接头、电线接头、电缆头、灯头、插头、插座、控制器、接触器、熔断器等分支线、接户线处。主要原因是:这些连接部位机械牢固性较差、接触电阻较大、绝缘强度较低及可能发生化学反应。

2.1.3.6　触电事故因行业而不同

冶金、矿山、建筑、机械等行业由于存在潮湿、高温、移动式设备和携带式设备多或现场金属设备多等不利因素,因此触电事故较多。

2.1.3.7　携带式设备和移动式设备触电事故多

携带式设备和移动式设备需要经常移动,工作条件差,在设备和电源处容易发生故障或损坏,而且经常在人的紧握之下工作,一旦触电就难以摆脱电源。

2.1.3.8　违章作业和误操作引起的触电事故多

安全教育不够、安全规章制度不严和安全措施不完备、操作者素质不高而造成的违章作业和误操作引起的触电事故较多。

2.1.4 影响触电伤害程度的因素

试验表明,通过人体的交流电流(频率 50 Hz)超过 10 mA 或直流电流超过 50 mA 时,就有可能危及生命。此外,人体接触的电压越高,通过人体的电流就越大;通电的时间越长,造成的伤害就越严重。同时,触电者的健康状况、电流通过人体的部位等也与伤害程度有直接的关系。影响触电伤害程度的主要因素归纳如下。

2.1.4.1 电流强度

试验表明,人体通过 1 mA 的工频交流电或 5 mA 的直流电时,就有麻、痛的感觉;电流达 8 mA 左右触电者尚能摆脱电源;若通过 20~50 mA 的工频交流电,触电者会感到剧痛、肌肉收缩、呼吸困难,自己不能摆脱电源;超过 50 mA 就有生命危险;若 100 mA 的电流流过人体,触电者会窒息、心脏停止跳动直至死亡。

2.1.4.2 电流频率

电流的频率不同,在同样大小的电流值下,对人体的危害程度也不同。研究表明,直流电对血液有分解作用,而高频电流不仅不危险,还可用于医疗,如医院的电疗。触电者的危险性随频率的增加而减小,40~60 Hz 频率的交流电危险性最大。

2.1.4.3 人体电阻

在同样接触电压下,通过人体电流的大小与人体电阻大小有关。人体电阻越小,触电时通过人体的电流就越大,伤害越严重。

人体电阻值的大小受多种因素影响,其变化范围比较大,通常为 10~100 kΩ。

人体各部分的电阻有所不同,其中皮肤角质层的电阻最大,脂肪、骨骼和神经的电阻次之,肌肉、血液的电阻最小。一个人如果角质层损坏,人体电阻可降低至 0.8~1 kΩ,此时触电最容易造成生命危险。

不同条件下,人体的电阻也是变化的。皮肤越潮湿,电阻越小;皮肤接触带电体的面积越大,靠得越紧,电阻越小。

2.1.4.4 电流通过人体的时间

电流作用于人体的时间越长、人体电阻越小,通过人体的电流将越大,对人体的伤害就越重。例如,工频下 50 mA 的电流通过人体的持续时间不得超过 5 s,否则会引起心脏停止跳动而致死。

2.1.4.5 电流通过人体的途径

电流通过人体的头部可致人昏迷;通过脊髓可致肢体瘫痪;通过心脏、呼吸系统和中枢神经,可致神经损伤、心脏停跳、血液循环中断。由此可见,电流通过心脏和呼吸系统最容易造成触电死亡。

触电者因触电部位不同,使得电流通过人体的途径不同,对人体的伤害程度也不同。研究表明,电流从一只脚到另一只脚,通过心脏的电流只占通过人体总电流的0.4%;而电流从手到脚,通过心脏的电流要占通过人体总电流的6.7%。

2.1.5 触电的几种形式

触电有直接接触触电、跨步电压触电和接触电压触电三种主要形式。直接接触触电又分单相触电、两相触电和电弧伤害三种形式。

2.1.5.1 直接接触触电

1)单相触电

人体的一部分触及电气设备的一相,另一部分触及大地或中性线时,电流从相线经人体到地或中性线形成回路,称为单相触电,如图 2-1 所示。

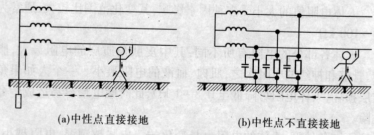

(a)中性点直接接地　　　　(b)中性点不直接接地

图 2-1　单相触电

人体承受 220 V 的相电压,已大大超出安全电压范围,极易造成生命危险。家用电器如电灯、电视机、电风扇、洗衣机、电冰箱等都是单相供电,因此大部分家庭触电事故是由单相触电造成的。据有关资料记载,农村所发生的触电死亡事故中,80%是单相触电死亡。

2)两相触电

人体的两处同时触及两根带电相线,电流通过人体形成回路,称为两相触电,如图 2-2 所示。

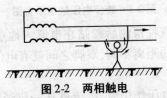

图 2-2　两相触电

两相触电时加在人体上的电压是 380 V 的线电压,触电后果比单相触电更为严重,一旦发生触电,足以致人死亡。电工在电线杆上带电作业时所发生的触电事故,大多是两相触电。

3)电弧伤害

电弧是气体间隙被强电场击穿时电流通过气体的一种现象,常发生于带负荷拉合刀闸、电焊等场合。电弧一旦击中人体,人体将同时遭受电击和电伤。电击对人体的危害往往是致命的;电伤则是由于电弧的弧焰温度极高,造成人体烧伤。烧伤的部位多见于手部、胳膊、脸部及眼睛,形成的伤疤往往经久不愈,特别是电弧对眼睛的伤害后果非常严重。

2.1.5.2　跨步电压触电

当电力线路的带电导线落地、电气设备的线路绝缘击穿或发生碰壳故障而导致单相接地时,电流经落地点或接地点呈半球形向周围扩散。此时,在电流入地点周围的地表面各点便具有不同的电位分布,在电流入地点电位最高,随着离此点的距离增大,地面电位呈先急后缓的趋势下降,在离电流入地点 20 m 以外的地面电位接近于零,如图 2-3 所示。

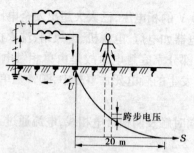

图2-3　跨步电压触电示意图

如果人的双脚或牲畜前后蹄站在电流入地点附近的地面上,且双脚离电流入地点的距离不同,双脚之间就有电位差,这个电位差叫跨步电压。

当人受到跨步电压作用时,电流就从一脚经胯部至另一脚流入地下,从而形成回路,该触电状态叫跨步电压触电。

如果跨步电压较高,人的两脚就会发生抽筋,以致跌倒。这样,通过人体的电流会进一步增大,并极有可能使电流通过心脏等重要器官而引起严重后果。

一旦遇到跨步电压,应赶快把双脚并拢或单脚着地跳出危险区。

2.1.5.3　接触电压触电

如果人体同时接触具有不同电压的两点,人体内就会有电流通过,此时加在人体两点之间的电压差称为接触电压。

如图2-4所示,人站在地上,手触及已漏电的电动机,他的手足之间出现的电压差 U_j,就是接触电压。

2.1.6　安全电压

2.1.6.1　安全电压的定义

人体接触的电压越高,通过人体的电流越大,对人体的伤害也就越大。

安全电压定义为防止触电事故而采用特定电源供电的电压系列。

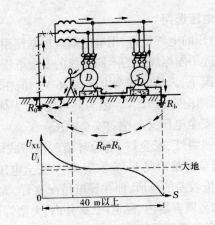

U_{XL}—相电压;R_0—变压器中性点接地电阻;S—距离;

U_j—作用于人体电压;R_b—电动机保护接地电阻

图 2-4 接触电压分布及人体触电示意图

2.1.6.2 安全电压等级

安全电压是指在各种环境条件下,人体接触到带电体后各部分组织(如皮肤、心脏、呼吸器官和神经系统等)不发生任何损害的电压。安全电压一方面是相对于电压的高低而言的,另一方面是指对人体安全危害甚微或没有威胁的电压。

安全电压的划分与人体的电阻和人体允许的电流有关。

影响人体电阻的因素很多,除皮肤厚度外,皮肤潮湿、多汗、有损伤、带有导电性粉尘等都会降低人体电阻;接触面积加大、接触压力增加,也会降低人体电阻;接触电压增高,会击穿表皮角质层,并增加人体的机体电解,也会降低人体电阻;电源频率的增高,人体电阻降低;衣服、鞋、袜等潮湿油污,也会降低人体电阻。

人体允许通过的工频极限电流约为 50 mA,人体电阻越小,施加在人体上的电流就越大。因此,安全电压为一系列值。我国的安全电压规定为交流电 50 V、42 V、36 V、24 V、12 V 和 6 V,而直流电压不超过 120 V。

2.1.6.3 安全电压选用

采用安全电压的电气设备、用电电器应根据使用环境、使用方式和人员等因素,选用国标规定的不同等级的安全电压额定值。

(1)正常情况下,人体的安全电压为36 V。但在潮湿的环境里,人体的安全电压则应降为12 V。因为环境潮湿,人体皮肤的电阻变小。因此,12 V安全电压又叫绝对安全电压。

(2)手提式照明灯、安全灯、危险环境的携带式电动工具,在特殊安全结构和安全措施情况下,应采用36 V安全电压。

(3)工作环境较差的场所,即在导电情况良好、人体电阻值低或碰触机会增多的金属容器内、隧道内、矿井内、大型管道、锅炉等工作地点,以及粉尘多和潮湿的环境,安全电压通常取为24 V或12 V。

(4)在任何情况下,两导体间或任一导体与大地之间均不得超过交流(50~500 Hz)有效值为50 V的电压值。

(5)本安全电压等级系列不适用于水下等特殊场所,也不适用于插入人体内部的带电医疗设备。

有人认为,只要某电器两端的电压不超过安全电压36 V,人体就可以随便触及电器的带电部分而不发生触电事故。这种理解是不正确的。一个电器的两端电压虽然不超过36 V,但对人体来说不一定是安全的。因为电器两端的电压和加在人体上的电压是两回事,应该是电器的对地电压不超过36 V才是安全的。

2.1.6.4 采用安全电压时必须具备的条件

为了人身安全,采用安全电压时必须具备以下条件:

(1)特定电源供电,有专用的安全电压的电流装置供电。特定电源供电要求除采用独立电源外,供电电源的输入电路与输出电路必须实行电路上的隔离。安全电压如果从输电线路上获得,必须通过安全隔离变压器,一般采用双圈隔离变压器或具有绕组分开的直流机以及蓄电池、干电池等来提供所需的独立电源,不得使用自耦变压器。

(2)工作在安全电压下的电路,必须与其他电气系统和任何无关的可导电部分(包括大地),实行电气上的隔离。

(3)采用 24 V 以上安全电压的电气设备,必须采取防止直接接触带电体的保护措施,其电路必须与大地绝缘。因为尽管是在安全电压下工作,一旦触电虽然不会导致死亡,但如果不及时摆脱,时间长了也会产生严重后果。另外,由于触电的刺激也有可能引起人员坠落、摔伤等二次伤亡事故。

(4)设置在安全电压线路上的部件和导线的绝缘耐压等级至少为 250 V。

(5)安全电压系列用的插头应不能插入较高电压的插座,如使用 36 V 插头则应不能插入 220 V 插座。

现实生活中,如果穿有绝缘鞋,人体在极短时间内接触日常用电的 220 V 电压也不会危及生命,所以常听人说被电了一下就是这个现象。但要强调,在没有专业知识与防护的情况下,接触 220 V 的民用电是非常危险的,必须禁止。

2.2 直接接触电击的防护措施

直接接触电击防护是指电气装置没有发生故障正常工作时,人体不慎触及带电部分的电击事故的防护。

直接接触电击的基本防护原则是使危险的带电部分不会被有意或无意地触及。具体防护措施有绝缘、遮栏或屏护、阻挡物、安全距离等。这些防护措施是各种电气设备都必须考虑的通用安全措施,其主要作用是防止人体触及或过分接近带电体而造成触电事故以及防止短路、故障接地等电气事故。

2.2.1 绝缘

绝缘是防止触电事故的一项重要措施,良好的绝缘也是保证电气系统正常运行的基本条件。

绝缘是指利用绝缘材料对带电体进行封闭与隔离,实现带电体之间、带电体与其他物体之间的电气隔离,使电流按指定路径通过,确保电气设备和线路正常工作,防止人身触电。

2.2.1.1　绝缘材料

绝缘材料又称为电介质,其导电能力很小,但并非绝对不导电。绝缘材料的主要作用是对带电的或不同电位的导体进行隔离,使电流按照确定的线路流动。

绝缘材料的品种很多,按状态可分为气体绝缘材料、液体绝缘材料和固体绝缘材料。

1)气体绝缘材料

常用的气体绝缘材料有空气、氮、氢、二氧化碳和六氟化硫等。

2)液体绝缘材料

常用的液体绝缘材料有绝缘矿物油、十二烷基苯、聚丁二烯、硅油和三氯联苯等合成油以及蓖麻油。

3)固体绝缘材料

常用的固体绝缘材料有树脂绝缘漆,纸、纸板等绝缘纤维制品,漆布、漆管和绑扎带等绝缘浸渍纤维制品,绝缘云母制品,电工用薄膜、复合制品和粘带,电工用层压制品,电工用塑料和橡胶、玻璃、陶瓷等。

电气设备和线路的绝缘保护必须与电压等级相符,各种指标应与使用环境和工作条件相适应。

工厂生产的电气设备,其绝缘应符合产品标准对绝缘的要求,应能在正常使用寿命期内耐受所在场所的机械、化学、电和热的影响。

单独采用涂漆、漆包等类似的绝缘来防止触电是不够的,即油漆、凡立水之类的物质不能用于防止直接接触电击的绝缘。

2.2.1.2　绝缘的破坏

在电气设备的运行过程中,绝缘材料会由于电场、热、化学、机械、生物等因素的作用,使绝缘性能降低。具体降低方式有绝缘击穿、绝缘老化和绝缘损坏。

1）绝缘击穿

当施加于电介质上的电场强度高于临界值时,会使通过电介质的电流猛然增加,绝缘材料被破坏,从而失去绝缘性能,这种现象称为电介质的击穿。

发生击穿时的电压称为击穿电压,击穿时的电场强度称为击穿场强。

2）绝缘老化

电气设备在运行过程中,绝缘材料由于受热、电、光、氧、机械力、超声波、辐射线、微生物等因素的长期作用,会产生一系列不可逆的物理变化和化学变化,导致绝缘材料的电气性能、机械性能劣化。

绝缘老化的过程十分复杂,就其机制而言,主要有热老化机制和电老化机制。

在低压电气设备中,促使绝缘材料老化的主要因素是热。每种绝缘材料都有其极限耐热温度,超过这一极限温度,绝缘材料将急剧老化,绝缘性能下降。在电工技术中,常把电机和电器中的绝缘结构和绝缘系统按耐热等级进行分类。表2-1 所列的是我国绝缘材料标准规定的绝缘材料的耐热等级与极限温度。

表 2-1　绝缘材料的耐热等级与极限温度

耐热等级	绝缘材料	极限温度（℃）
Y	木材、棉花、纸、纤维等天然的纺织品,以醋酸纤维和聚酰胺为基础的纺织品,以及易于热分解和熔化点较低的塑料	90
A	工作于矿物油中的和用油或油树脂复合胶浸过的 Y 级材料、漆包线、漆布、漆丝的绝缘及油性漆、沥青等	105
E	聚酯薄膜和 A 级材料复合、玻璃布、油性树脂漆、聚乙烯醇缩醛高强度漆包线、乙酸乙烯耐热漆包线	120

耐热等级	绝缘材料	极限温度（℃）
B	聚酯薄膜，经合适树脂浸渍涂覆的云母、玻璃纤维、石棉等制品、聚酯漆、聚酯漆包线	130
F	以有机纤维材料补强和石棉带补强的云母片制品、玻璃丝和石棉、玻璃漆布、以玻璃丝布和石棉纤维为基础的层压制品、以无机材料作补强和石棉带补强的云母粉制品、化学热稳定性较好的酯和醇类材料、复合硅有机聚酯漆	155
H	无补强或以无机材料为补强的云母制品、加厚的 F 级材料、复合云母、有机硅云母制品、硅有机漆、硅有机橡胶聚酰亚胺复合玻璃布、复合薄膜、聚酰亚胺漆等	180
C	耐高温有机黏合剂和浸渍剂及无机物如石英、石棉、云母，玻璃相电瓷材料等	180 以上

在高压电气设备中，促使绝缘材料老化的主要原因是局部放电。局部放电时产生的臭氧、氮氧化物、高速粒子都会降低绝缘材料的性能，局部放电还会使材料局部发热，促使材料性能劣化。

3）绝缘损坏

绝缘损坏是指由于不正确地选用绝缘材料、不正确地进行电气设备及线路的安装、不合理地使用电气设备等，导致绝缘材料受到外界腐蚀性液体、气体、蒸汽、潮气、粉尘的污染与侵蚀，或受到外界热源、机械因素的作用，在较短或很短的时间内失去其电气性能或机械性能的现象。此外，动物和植物也可能破坏电气设备和电气线路的绝缘结构。

为了防止电气设备的绝缘损坏而带来电气事故，应加强对电气设备的绝缘检查，及时消除缺陷。

2.2.2 遮栏与屏护

遮栏与屏护是一种对电击危险因素进行隔离的有效手段。

2.2.2.1 遮栏

遮栏是指从某一方向阻隔人体接触带电体的措施。

当在车间内高处沿墙面敷设人体接触不到的裸母线时,若裸母线经过具有一定高度的平台,且裸母线离平台地面的高度不足 2.5 m,则有可能被站在平台上的人员所触及。为此,工程安装时,需在平台靠近裸母线处安设遮栏,从面对墙的方向阻隔人体接触带电体。

2.2.2.2 屏护

1)屏护的作用

屏护是指能从所有方向阻隔人体接触带电体的措施。

屏护可采用护罩、护盖、箱闸等方式把带电体同外界隔绝开来,防止人体触及或接近带电体引起触电事故。此外,屏护还可以起到防止电弧伤人、防止弧光短路和便于检修的作用。为电气设备配置的设备外壳、现场施工中敷设导线用的槽盒、套管等都是屏护。

2)屏护的类型

屏护装置有永久性屏护装置和临时性屏护装置之分。配电装置的遮栏、开关的罩盖等属于永久性屏护装置;检修工作中使用的临时屏护装置和临时设备的屏护装置等属于临时性屏护装置。

屏护装置还有固定屏护装置和移动屏护装置之分。母线的护网属于固定屏护装置;跟随天车移动的天车滑线屏护装置属于移动屏护装置。

屏护装置主要用于电气设备不便于绝缘或绝缘不足以保证安全的场合。如开关电器的可动部分一般不能包以绝缘,因此需要屏护。其中,防护式开关电器本身带有屏护装置,如胶盖闸刀的胶盖、开关的铁壳等。对于高压设备,由于全部绝缘往往有困难,如果人接近至一定程度时,即会发生严重的触电事故,因此不论高压设备是否有绝缘,均要求加装屏护装置。室内、室外安装的变压器和变配电装置也应装备完善的屏护装置。当作业场所邻近带电体时,在作业人员与带电体之间、过道、入口等处均应装设可移动的临时性屏护装置。

2.2.2.3 遮栏和屏护装置的要求

(1)由于屏护装置不直接与带电体接触,因此对所用屏护材料的电气性能没有严格要求,但应具有足够的机械强度和良好的耐火性能。

(2)凡用金属材料制成的屏护装置,为了防止屏护装置意外带电造成触电事故,必须实行可靠的接地或接零。

(3)屏护装置应有足够的尺寸,与带电体之间保持足够的距离。遮栏高度应不低于1.7 m,下部边缘离地面应不超过0.1 m。户内临时栅栏高度应不低于1.2 m,户外临时栅栏高度应不低于1.5 m,栅条间距离应不大于0.2 m。对于低压设备,栅栏与裸导体之间的距离应不小于0.8 m。户外变电装置围墙高度一般应不低于2.5 m。网眼遮栏与带电体之间的距离应不小于表2-2所示的距离。

表2-2 网眼遮栏与带电体之间的最小距离

线路电压(kV)	≤1	10	20~35
最小距离(m)	0.15	0.35	0.6

(4)变配电设备应有完善的屏护装置。安装在室外地上的变压器及车间或公共场所的变配电装置,均需装设遮栏或栅栏作为屏护。

(5)遮栏或屏护措施应能防止大于12.5 mm的固体物或人的手指进入,带电部分的上方如需防护,需防大于1 mm的固体物进入。

(6)遮栏和屏护应固定牢靠,且只能在使用工具或钥匙或断开带电部分电源的条件下挪动。

(7)遮栏、栅栏等装置上应有"止步,高压危险!"等标志。

(8)必要时应配合声光报警信号和联锁装置。

2.2.3 阻挡物

阻挡物是指栏杆、网屏、栅栏、隔板等阻拦人体接近带电部分的措施。该措施只能起到防止人体无意地与带电部分接触,或防止操作人员操作带电的电气设备时不小心触及带电部分,但不能防护人们有意识的接触。

阻挡物对洞孔的尺寸没有要求,因此它只能对接近带电部分的人起到阻拦一下的提醒作用。

阻挡物不需使用工具或钥匙就可挪动,因此必须固定,以防被人无意识地挪开。

2.2.4 安全距离

为了防止人体触及或接近带电体造成触电事故,避免车辆或其他器具碰撞或过分接近带电体造成触电事故,防止火灾、过电压放电和各种短路事故,且为了操作方便,在带电体与地面之间、带电体与其他设施之间、带电体与带电体之间均需保持一定的安全距离。

不同电压等级、不同电气设备、不同安装方式、不同的周围环境所要求的安全距离有所不同。

安全距离分为线路安全距离、变配电设备安全距离和检修安全距离三个方面。

2.2.4.1 线路安全距离

线路安全距离是指导线与地面、水面、杆塔构件、跨越物(包括电力线路和弱电线路)之间的最小允许距离。

(1)架空线路导线与地面或水面的安全距离。架空线路导线在弛度最大时与地面或水面的距离不应低于表2-3所示的数值。

表2-3 架空线路导线与地面或水面的最小距离　(单位:m)

线路经过地区	线路电压(kV)		
	≤1	1 ~ 10	35
居民区	6	6.5	7
非居民区	5	5.5	6
交通困难地区	4	4.5	5

线路经过地区	线路电压(kV)		
	≤1	1~10	35
不能通航或浮运的河、湖(冬季水面或冰面)	5	5	5.5
不能通航或浮运的河、湖(50年一遇的洪水水面)	3	3	3
步行可以到达的山坡	3	4.5	5
步行不能到达的山坡、峭壁或岩石	1	1.5	3

(2)架空线路与建筑物的安全距离。架空线路应避免跨越建筑物;架空线路不应跨越燃烧材料作屋顶的建筑物。架空线路必须跨越建筑物时,应与有关部门协商并取得有关部门的同意。架空线路导线与建筑物的距离不应低于表2-4所示的数值。

表2-4　架空线路导线与建筑物的最小距离　(单位:m)

线路电压(kV)	≤1	10	35
垂直距离	2.5	3.0	4.0
水平距离	1.0	1.5	3.0

架空线路应与有爆炸危险的厂房和有火灾危险的厂房保持必要的防火间距。

(3)架空线路导线与树木的安全距离。架空线路导线与街道或厂区树木的距离不应低于表2-5所示的数值。

表2-5　架空线路导线与树木的最小距离　(单位:m)

线路电压(kV)	≤1	10	35
垂直距离	1.0	1.5	3.0
水平距离	1.0	2.0	—

(4)架空线路导线与铁路、道路、通航河流、电气线路及持殊管道等工业设施之间的最小距离不应小于表2-6所示的数值。

表 2-6　架空线路导线与工业设施的最小距离　（单位:m）

项目				线路电压(kV)		
				≤1	10	35
铁路	标准轨距	垂直距离	至钢轨顶面	7.5		
			到承力索接触线	3.0		
		水平距离	电杆外缘至轨道中心 交叉	5.0		
			电杆外缘至轨道中心 平行	杆高加 3.0		
	窄轨	垂直距离	至钢轨顶面	6.0	6.0	7.5
			到承力索接触线	3.0		
		水平距离	电杆外缘至轨道中心 交叉	5.0		
			电杆外缘至轨道中心 平行	杆高加 3.0		
道路		垂直距离		6.0	7.0	7.0
		水平距离(电杆至道路边缘)		5.0		
通航河流		垂直距离	至 50 年一遇的洪水位	6.0		
			至最高航行水位的最高船桅顶	1.0	1.5	2.0
		水平距离	边导线至河岸上缘	最高杆(塔)高		
弱电线路		垂直距离		6.0	7.0	7.0
		水平距离(两线路边导线间)		0.5		
电力线路	≤1 kV	垂直距离		1.0	2.0	3.0
		水平距离(两线路边导线间)		2.5	2.5	5.0
	10 kV	垂直距离		2.0	2.0	3.0
		水平距离(两线路边导线间)		2.5	2.5	5.0
	35 kV	垂直距离		3.0	2.0	3.0
		水平距离(两线路边导线间)		5.0		
特殊管道		垂直距离	电力线路在上方	1.5	3.0	3.0
			电力线路在下方	1.5	—	—
		水平距离(边导线至管道)		1.5	2.0	4.0

注:1. 特殊管道是指输送易燃、易爆介质的管道。

2. 各项中的水平距离在开阔地区不应小于电杆的高度。

(5)同杆架设不同种类、不同电压的电气线路时,应取得有关部门同意,而且必须保证电力线路在弱电线路上方,高压线路在低压线路上方。同杆线路横担之间的距离不应小于表2-7所示的数值。

表2-7 同杆线路横担之间的最小距离　　　（单位:m）

电压类型	杆型	
	直线杆	分支杆或转角杆
10 kV 与 10 kV	0.8	0.45/0.6
10 kV 与低压	1.2	1.0
低压与低压	0.6	0.3
10 kV 与通信电缆	2.5	—
低压与通信电缆	1.5	—

注:分支杆或转角杆如为单回线,采用0.6 m;如为双回线,则分支线横担距上面的横担采用0.45 m,距下面的横担采用0.6 m。

(6)从配电线路到用户进线处第一个支持点之间的一段导线称为接户线。10 kV 接户线对地距离不应小于4.5 m;低压接户线对地距离不应小于2.75 m。低压接户线跨越通车街道时对地距离不应小于6 m;跨越通车困难的街道或人行道时,对地距离不应小于3.5 m。

(7)从接户线引入室内的一段导线称为进户线。进户线的进户管口与接户线端头之间的垂直距离不应大于0.5 m;进户线对地距离不应小于2.7 m。

(8)户内低压线路与工业管道和工艺设备之间的距离不应小于表2-8所示数值。电缆管线应尽可能敷设在热力管道的下方。当现场的实际情况无法满足表2-8所规定距离时,应采取包隔热层,对交叉处的裸母线外加保护网或保护罩等措施。

表 2-8　户内低压线路与工业管道和工艺设备的最小距离　(单位:mm)

布线方式		穿金属管导线	电缆	明设绝缘导线	裸导线	起重机滑触线	配电设备
煤气管	平行	100	500	1 000	1 000	1 500	1 500
	交叉	100	300	300	500	500	—
乙炔管	平行	100	1 000	1 000	2 000	3 000	3 000
	交叉	100	300	300	500	500	
氧气管	平行	100	500	500	1 000	1 500	1 500
	交叉	100	300	300	500	500	
蒸汽管	平行	1 000(500)	1 000(500)	1 000(500)	1 000	1 000	500
	交叉	300	300	300	500	500	
暖(热)水管	平行	300(200)	500	300(200)	1 000	1 000	100
	交叉	100	100	100	500	500	—
通风管	平行	—	200	200	1 000	1 000	100
	交叉		100	100	500	500	
上、下水管	平行		200	200	1 000	1 000	100
	交叉		100	100	500	500	
压缩空气管	平行		200	200	1 000	1 000	100
	交叉		100	100	500	500	
工艺设备	平行	—	—	—	1 500	1 500	100
	交叉	—	—	—	1 500	1 500	—

注:括号外数字为电缆管线在管道上方的数据,括号内数字为电缆管线在管道下方的数据。

(9)直埋电缆埋设深度应不小于 0.7 m,并应位于冻土层之下。

直埋电缆与工艺设备的距离不应小于表 2-9 所示数值。当电缆与热力管道接近时,电缆周围土壤温升不应超过 10 ℃,超过须进行隔热处理。表 2-9 中的最小距离对采用穿管保护时,应从保护管的外壁算起。

表 2-9　直埋电缆与工艺设备的最小距离　　（单位:m)

敷设条件	平行敷设	交叉敷设
与电杆或建筑物地下基础之间,控制电缆与控制电缆之间	0.6	—
10 kV 以下的电力电缆之间或控制电缆之间	1	0.5
10～35 kV 的电力电缆之间或其他电缆之间	0.25	0.5
不同部门的电缆(包括通信电缆)之间	0.5	0.5
与热力管沟之间	2.0	0.5
与可燃气体、可燃液体管道之间	1.0	0.5
与水管、压缩空气管道之间	0.5	0.5
与道路之间	1.5	1.0
与普通铁路路轨之间	3.0	1.0
与直流电气化铁路路轨之间	10.0	—

2.2.4.2　变配电设备安全距离

变配电设备安全距离是指带电体与其他带电体、接地体、各种遮栏等设施之间的最小允许距离。

室内变配电设备各项安全距离一般不应低于表 2-10 所列数值。室外变配电设备各项安全距离一般不应低于表 2-11 所列数值。变压器外廓与变压器室四壁之间的安全距离一般不应小于表 2-12 所列数值。

表 2-10 室内变配电设备的最小距离 (单位:mm)

项目	额定电压(kV)								110	
	0.4	1.3	6	10	15	20	35	60	中性点直接接地	中性点不接地
带电部分与接地部分之间	20	75	100	125	150	180	300	550	850	950
不同相的带电部分之间	20	75	100	125	150	180	300	550	900	1 000
带电部分至板状遮栏	50	105	130	155	180	210	330	580	880	980
带电部分至网状遮栏	100	175	200	225	250	280	400	650	950	1 050
带电部分至栅栏	800	825	850	875	900	930	1 050	1 300	1 600	1 700
无遮栏裸导体至地(楼)面	2 300	2 375	2 400	2 425	2 450	2 480	2 600	2 850	3 150	3 250
不同时停电检修的无遮栏裸导体之间	1 875	1 875	1 900	1 925	1 950	1 980	2 100	2 350	2 650	2 750
出线套管至室外通路的路面	3 750	4 000	4 000	4 000	4 000	4 000	4 000	4 500	5 000	5 000

注:表中需要不同时停电检修的无遮栏裸导体之间一般指水平距离,如指垂直距离,35 kV 以下者可减为 1 000 mm。

表 2-11　室外变配电设备的最小距离　　（单位:mm）

项目	额定电压(kV)						
	0.4	1 ~ 10	15 ~ 20	35	60	110 中性点直接接地	110 中性点不接地
带电部分与接地部分之间	75	200	300	400	650	900	1 000
不同相的带电部分之间	75	200	300	400	650	1 000	1 100
带电部分至遮栏	825	950	1 050	1 150	1 350	1 650	1 750
带电部分至网状遮栏	175	300	400	500	700	1 000	1 100
不同时停电检修的无遮栏裸导体之间的　水平距离	2 000	2 200	2 800	2 400	2 600	2 900	3 000
不同时停电检修的无遮栏裸导体之间的　垂直距离	1 000	1 000	1 000	1 000	1 350	1 750	1 850

注:本表所列室内外配电装置的最小允许距离规定值不适用于制造厂的产品。

表 2-12　变压器外廓与变压器室四壁之间的最小距离　　（单位:mm）

项目	变压器容量(kVA)	
	≤1 000	≥1 250
变压器与后壁、侧壁之间	600	800
变压器与变压器室门之间	800	1 000

　　配电装置的布置,应考虑设备搬运、检修、操作和试验方便。为了工作人员的安全,配电装置需保持必要的安全通道。低压配电装置正面通道的宽度,单列布置时不应小于 1.5 m;双列布置时不应小于 2 m。低压配电装置背面通道应符合以下要求:①宽度一般不应小于 1 m,有困难时可减为 0.8 m。②通道内高度低于 2.3 m 无遮栏

的裸导电部分与对面墙或设备的距离不应小于 1 m;与对面其他裸导电部分的距离不应小于 1.5 m。③当通道上方裸导电部分的高度低于 2.3 m 时,应加遮护,遮护后的通道高度不应低于 1.9 m。

配电装置长度超过 6 m 时,屏后应有两个通向本室或其他房间的出口,且其间距离不应超过 15 m。

室内吊灯灯具高度一般应大于 2.5 m,受条件限制时可减为 2.2 m;如果还要降低,应采取适当安全措施。当灯具在桌面上方或其他人碰不到的地方时,高度可减为 1.5 m。户外照明灯具一般不应低于 3 m;墙上灯具高度允许减为 2.5 m。

2.2.4.3 检修安全距离

检修安全距离指工作人员进行设备维护检修时与设备带电部分间的最小允许距离。

检修安全距离可分为设备不停电时的安全距离、作业时工作人员中正常活动范围与带电设备的安全距离、带电作业时人体与带电体之间的安全距离。作业时工作人员正常活动范围与带电设备的安全距离见表 2-13,人身与带电体的安全距离见表 2-14。如不足表中数值,邻近线路必须停电。

高压作业时,各种作业类别所要求的最小距离见表 2-15。

表 2-13 作业时工作人员正常活动范围与带电设备的安全距离

(单位:mm)

电压等级(kV)	≤10	20~35	44	60~110	154	220	380
安全距离	350	600	900	1 500	2 000	3 000	4 000

表 2-14 人身与带电体的安全距离 (单位:mm)

电压等级(kV)	≤10	20~35	44	60~110	154	220	380
安全距离	700	1 000	1 200	1 500	2 000	3 000	4 000

表 2-15　高压作业的最小距离　　　　　　　　（单位:m）

类别	电压等级(kV)	
	10	35
无遮栏作业,人体及其所携带工具与带电体之间	0.7	1.0
无遮栏作业,人体及其所携带工具与带电体之间,用绝缘杆操作	0.4	0.6
线路作业,人体及其所携带工具与带电体之间	1.0	2.5
带电水冲洗,小型喷嘴与带电体之间	0.4	0.6
喷灯或气焊火焰与带电体之间	1.5	3.0

注:1. 距离不足时,应装设临时遮栏。

2. 距离不足时,邻近线路应当停电。

3. 火焰不应喷向带电体。

2.2.4.4　正常操作安全距离

正常操作时,对于可能触碰到的带电体,应保持大于一个臂长的距离,IEC 标准规定该距离为 2.50 m,如图 2-5 所示。在有人的一般场所,人体距裸带电体的伸臂范围应符合下列规定:

(1)裸带电体布置在有人活动的上方时,裸带电体与地面或平台 S 的垂直净距应不小于 2.50 m。

(2)裸带电体布置在有人活动的侧面时,裸带电体与平台边缘的水平净距应不小于 1.25 m。

(3)裸带电体布置在有人活动的下方时,裸带电体与平台边缘的水平净距应不小于 0.75 m。

(4)在向上伸臂的方向内,即使有阻挡物,伸臂范围仍自图 2-5 所示的站立面 S 算起。

(5)上述距离是针对没有持握工具的空手人而言的。若手持较长工具,计算伸臂范围时应计入这些工具的尺寸。

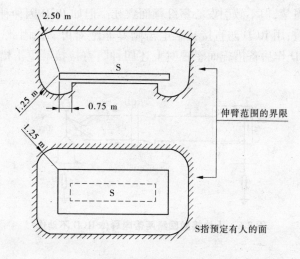

2.50 m

S

1.25 m

0.75 m

伸臂范围的界限

1.25 m

S

S指预定有人的面

图 2-5　伸臂范围

2.2.5　后备措施

若上述四种防直接接触电击的措施因故失效,如家用电器电源插头线上的绝缘破损芯线外露,如防护用的遮栏被人挪走等,如果回路上装有额定动作电流不大于 30 mA 的剩余电流动作保护器 RCD,则可在人体触及带电体时将电源切断,从而避免电击伤亡事故的发生。该措施称为前四种措施的后备措施。

需要说明的是,该措施只能作为后备措施,而不能替代上述四种防直接接触电击的主要措施。这是因为发生直接接触时,人体同时触及的是同一回路中两个不同电位的带电导体,如触及一回路内的相线和中性线,人体将遭受电击,但因故障电流在 RCD 电流互感器磁路内产生的磁场方向相反,互相抵消,RCD 将无法动作,如图 2-6 所示。另外,当站立地面的人体一手触及 220 V 相线时,假如人体阻抗为 1 500 Ω,则接触电流可达 150 mA,为 RCD 额定动作电流的 5 倍,按 RCD 产品标准,这时动作时间不大于 0.04 s,人体会遭受一次电击的痛楚,但不致引发心室纤颤而致死。但如 RCD 因种种原因而动作稍缓,用 RCD 防直接接触电击则并非绝对可靠。因此,绝不能因有 RCD 作后备措施而忽视对上述四种防直接接触电击措施的设置和检验。

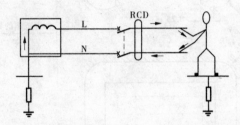

图 2-6 人体接触回路两带电导体 RCD 不动作

2.3   触电急救

触电事故具有突发性、季节性、行业性、高伤亡率等特点。随着电气化的快速发展和生活用电的日趋广泛,发生人身触电事故的概率也越来越高。据有关资料统计,我国每年因触电而死亡的人数,约占全国各类事故总死亡人数的 10%,仅次于交通事故。

触电事故多发生在湿热的夏季,因为夏季多雨潮湿而使电气设备绝缘降低,人体电阻因天热多汗、皮肤湿润而下降,再加上身体裸露部分增多,这些因素都增加了触电的机会和危险性。

触电事故还与安全用电知识的普及程度和安全措施的完善程度有关。有关资料显示,触电事故多发生在非专职电工人员身上,而且农村高于城市,这说明了加强安全用电教育和管理的重要性与必要性。

触电事故的发生具有很大的偶然性和突发性,令人猝不及防。能否及时采取正确的救护措施,是决定触电事故中人身伤亡程度的关键。

2.3.1 触电后脱离电源的方法

电流对人体的作用时间越长,对生命的威胁越大。所以,触电急救的首要任务是使触电者迅速脱离电源。

当发现有人触电后,救护者应根据现场条件,采取科学的方法和适当的措施,使触电者迅速脱离电源。救护者切不可在断开电源前直接用手去拉触电者,以防止救护者也触电。

脱离电源的常用方法可用"拉"、"切"、"挑"、"拽"和"垫"五个字来概括。

(1)"拉"是指就近拉开电源开关,拔出插销或瓷插熔断器。拉开电源开关或拔掉电源插头时要注意,普通的拉线开关是单极的,只能断开一根导线,有时由于安装不符合要求,把开关安装在了零线上,这时虽然断开了开关,但人身触及的导线仍有可能带电,应特别注意这种情况。

(2)"切"是指用带有绝缘柄或干燥木柄的物体切断电源。切断时应注意防止带电导线断落碰触周围人体。对多芯绞合导线应分相切断,以防短路伤人。

(3)"挑"是指如果导线落在触电者身上或压在身下,可用干燥木棍或竹竿挑开导线,使触电者脱离电源。对高压线要用绝缘杆等专用工具。

(4)"拽"是指触电现场附近没有工具时,救护者戴上手套或在手上包缠干燥衣服、围巾、帽子等绝缘物拖拽触电者,使其脱离电源。如果触电者的衣服是干燥的,又没有紧缠在身上,救护者可直接用一只手(不可用两只手)抓住触电者不贴身的衣服,将其拉离电源。救护者要特别注意拖拽时不能触及触电者的皮肤。

(5)"垫"是指如果触电者由于痉挛手指致使紧握导线或导线绕在身上,救护者可将干燥的木板或橡胶绝缘垫塞进触电者身下使其与大地绝缘,隔断电源的通路,然后采取其他办法切断电源线路。

2.3.2 脱离电源时的注意事项

(1)救护者不得采用金属和其他潮湿的物品作为救护工具。

(2)在未采取绝缘措施前,救护者不得直接接触触电者的皮肤和潮湿的衣物。

(3)在拉拽触电者脱离电源线路的过程中,救护者宜用单手操作。

(4)当触电者在高处时,应采取措施预防触电者在解脱电源时从高处坠落摔伤或摔死。

(5)夜间发生触电事故时,在切断电源时会同时使照明失电,应考虑切断后的临时照明,如使用应急灯,以利于救护。

2.3.3 脱离电源后的处理

(1)应将触电者立即移到空气流通的地方,使其仰卧,并迅速鉴定触电者是否有心跳和呼吸,然后根据实际情况,采取正确的救护方法。

鉴定触电者是否有心跳和呼吸的常用方法有:①用耳朵贴近触电者胸部听是否有心跳;②用手摸颈动脉和腹股沟处的股动脉有无搏动;③用头发或薄纸放在触电者鼻孔处检查是否有呼吸。

(2)若触电者神志清醒,但感到全身无力、四肢发麻、心悸、出冷汗、恶心,或曾短暂昏迷,但未失去知觉,此时不要做人工呼吸,应将触电者抬到空气新鲜、通风良好的地方舒适地躺下,静卧休息,注意保温,严密观察,让触电者慢慢地恢复正常。若发现触电者呼吸与心跳不规则,应立刻设法抢救。

(3)若触电者呼吸停止但有心跳,应采用口对口或其他人工呼吸方法抢救。

(4)若触电者心跳停止但有呼吸,应采用胸外心脏挤压法抢救。

(5)若触电者呼吸、心跳都已停止,需同时采用口对口人工呼吸法与胸外心脏挤压法进行抢救。抢救的方法是做一次口对口人工呼吸后,再做四次胸外心脏挤压。

（6）注意千万不要给触电者打强心针或拼命摇动触电者,以免使触电者的情况恶化。

（7）抢救过程要不停地进行,即使在送往医院的途中也不能停止。

当抢救者出现面色好转、嘴唇逐渐红润、瞳孔缩小、心跳和呼吸迅速恢复正常时,即为抢救有效。

2.3.4 触电急救方法

常用的触电急救方法有口对口吹气法、俯卧压背法、举臂压胸法、胸外心脏挤压法等。

无论采用哪种急救方法,对触电者进行抢救前,都应尽快将触电者衣服、裤带全部解开,并检查触电者口腔内是否有食物,呼吸道是否畅通,特别要注意清理喉头部分有无痰堵塞。如触电者牙关紧闭,应设法使其口张开。

2.3.4.1 口对口吹气法

口对口吹气法的步骤:

（1）将触电者仰卧,救护者用一只手放在触电者前额,另一只手的手指将其颏颌骨向上抬起,两手协同将头部推向后仰,如图2-7(a)所示。头部充分后仰,舌根会自然抬起,达到气道畅通的目的。

（2）救护者一只手捏紧触电者的鼻子,另一只手的拇指和食指掰开触电者的嘴,如图2-7(b)所示。

（3）救护者深吸一口气,紧贴掰开的嘴巴向内吹气,如图2-7(c)所示。可以直接用嘴吹气,也可以隔一层薄布吹气,每次吹气要以触电者的胸部微微鼓起为宜。

（4）吹气后,立即将嘴移开,并松开触电者的鼻孔或嘴巴,让其自动呼气,如图2-7(d)所示。

口对口吹气法的注意事项:

（1）触电者头下不得垫枕头。

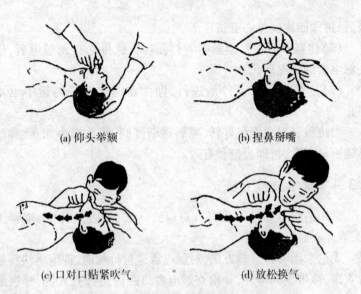

(a) 仰头举颏　　　　　　　　(b) 捏鼻掰嘴

(c) 口对口贴紧吹气　　　　　(d) 放松换气

图 2-7　口对口吹气法

（2）救护者的吹气速度要均匀，一般吹气 2 s，呼气 3 s，5 s 重复一次，直到触电者能够自行呼吸为止。

（3）如果触电者的嘴不易掰开，可捏紧嘴，向鼻孔吹气。

（4）实行口对口（鼻）人工呼吸时，若发现触电者胃部充气膨胀，应用手按住其腹部，并同时进行吹气和换气。

2.3.4.2　俯卧压背法

俯卧压背法的步骤：

（1）将触电者脊背朝上，胸腹贴地，腹部可微微垫高，两臂伸过头，一臂弯曲枕在头下，脸偏向一侧，另一臂向外伸开，以使胸廓扩张，如图 2-8 所示。

（2）救护者面向其头，屈膝骑在触电者身上，两膝与其胯骨齐，两手平伸，放在其肋骨上，其正确位置是救护者的小指在触电者的最后一根肋骨上，如图 2-8（a）所示。

（3）救护者将自己的身体逐渐前倾，慢慢用力向下压触电者的下部肋骨，当救护者的肩膀与病人肩膀将成一直线时，不再用力，如

图 2-8(b)所示。在这个向下、向前推压的过程中,可将触电者肺内的空气压出,形成呼气。然后救护者将自己身体慢慢抬起伸直,但双手不要离开原位,使触电者吸入气,然后再次压下。

(4)按上述动作,反复有节律地进行,每分钟以完成 14 ~ 16 次呼吸为宜,直到触电者能自行呼吸为止。

俯卧压背法在抢救触电者时应用比较普遍。这是由于触电者取俯卧位,舌头能略向外坠出,不会堵塞呼吸道,救护者不必专门来处理触电者的舌头。但该方法对孕妇、胸背部有骨折者不宜采用。

(a) 正确姿势　　　　　　　(b) 按压动作

图 2-8　俯卧压背法

2.3.4.3　举臂压胸法

举臂压胸法的步骤:

(1)使触电者仰卧,颈部用衣服稍微垫高,头部后仰,呼吸道畅通。

(2)救护者跪在触电者的头部,两手握住触电者的手腕,使其两臂弯曲,压前胸两侧,让触电者呼气,如图 2-9(a)所示。

(3)将触电者两臂从两侧向头顶方向拉直,使触电者吸气,如图 2-9(b)所示。

(4)按上述动作反复进行,以每分钟 14 ~ 16 次为宜。

牵臂压胸法适用于口和鼻均受伤而无法进行口对口(鼻)人工呼吸的触电者。

2.3.4.4　胸外心脏挤压法

胸外心脏挤压法是触电者心脏停止跳动后使心脏恢复跳动的急救方法,胸外心脏挤压的目的是通过人工操作,有节律地迫使心脏收

 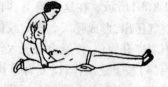

(a) 曲臂呼气   (b) 举臂吸气

图 2-9　举臂压胸法

缩,从而达到恢复触电者心跳的目的。这种急救方法适用于触电者心跳停止或心跳不规则的情况。具体步骤如下:

(1)首先使触电者仰卧在硬板或比较坚实的平地上,解开衣扣,并使触电者的头部充分后仰,具体方法或由另外一人用手托在触电者的颈后,或将触电者的头部放在木板端部,或在触电者的胸后垫以软物,以保持呼吸道畅通,保证挤压效果。

(2)救护者跪在触电者一侧或骑跪在其腰部的两侧,两手相叠,下面手掌的根部放在心窝上方、胸骨下三分之一至二分之一处,如图 2-10(a)、(b)所示。

(3)操作时,一手压胸,另一只手在上面辅助,手要伸直,借助身体的重力垂直向下压,但用力不宜过大,压胸深度为 3～4 cm,挤压后,掌根要迅速放松,但不要离开胸膛,使触电者胸部自动复原,如图 2-10(c)、(d)所示。挤压次数为每分钟 60～80 次为宜;对于儿童,每分钟 90～100 次,压胸仅用一只手,挤压深度较成人要浅。

心脏挤压有效果时,会摸到颈动脉的搏动。如果挤压时摸不到搏动,应把挤压力量加大,速度减慢,再观察脉搏是否跳动。挤压时压胸位置和用力大小都要十分注意,不然会引起肋骨骨折。

为了达到良好的效果,在进行胸外心脏挤压术的同时,必须进行口对口(鼻)的人工呼吸。因为正常的心脏跳动和呼吸是相互联系且同时进行的,没有心跳,呼吸也要停止,而呼吸停止,心脏也不会跳动。单人操作时,先吹气 3～4 次,再挤压 7～8 次,反复交替进行;双人操作时,每 5 s 吹气 1 次,每 1 s 挤压 1 次。

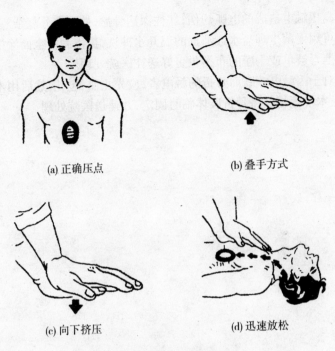

(a) 正确压点   (b) 叠手方式

(c) 向下挤压   (d) 迅速放松

图 2-10　胸外心脏挤压法

2.3.5　电伤的处理

电伤是触电引起的人体外部损伤,包括电击引起的摔伤、电灼伤、电烙印等,需要上医院治疗。但触电现场必须进行预处理,以防止细菌感染,损伤扩大。

对于一般性的外伤创面,可用无菌生理盐水或清洁的温开水冲洗,再用消毒纱布、防腐绷带或干净的布包扎,然后将触电者护送去医院。

如伤口大出血,要立即设法止血。压迫止血法是最迅速的临时止血法,即用手指、手掌或止血橡皮带在出血处供血端将血管压瘪在骨骼上而止血,同时火速送医院处置。如果伤口出血不严重,可用消毒纱布或干净的布料叠几层盖在伤口处压紧止血。

高压触电造成的电弧灼伤,往往深达骨骼,处理十分复杂。现场救护可用无菌生理盐水或消毒的温开水冲洗,再用酒精全面涂擦,然后用消毒被单或干净的布类包裹好送往医院处理。

　　对于因触电摔跌而骨折的触电者,应先止血、包扎,然后用木板、竹竿、木棍等物品将骨折肢体临时固定,并速送医院处理。

第3章 电气设备与安全

3.1 变配电设备与安全

变配电系统是变电系统和配电系统的总称。

变电系统的作用是通过变压器对一次侧电压进行升高或降低，再从二次侧输出。升高电压的目的是使电能在远距离传输过程中降低损耗，如采用 500 kV 高压输电；降低电压的目的是使客户端能使用相应电压级别的负载，如民用 220 V，工业上常用 380 V、660 V、690 V、1 kV、6 kV、10 kV 等。变电系统的核心元件是各种电压变比的变压器，有电压改变的系统就是变电系统，有变压器的配电室称做变电室(站)。

配电系统的核心元件是各种电流级别的开关。从一个大支路分成若干个小支路，一个大开关下面连接若干个小开关，分给多个负载使用或再进行更多支路的分配。支路的电流会越来越小。

3.1.1 变压器

3.1.1.1 变压器铭牌含义

根据国家标准，变压器铭牌上应标出技术数据及产品型号、产品代号、标准代号、厂名、制造年月等，如图 3-1 所示。

变压器的型号由汉语拼音字母和数字组成，字母和数字所代表的含义如图 3-2 所示。

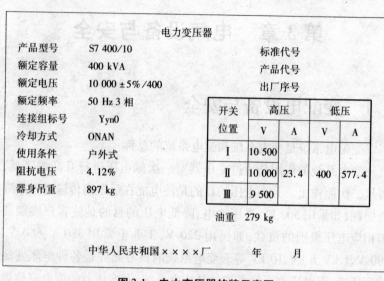

图 3-1　电力变压器铭牌示意图

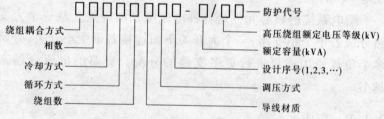

图 3-2　电力变压器产品型号的表示方法

绕组耦合方式:一般不标,O—自耦。

相数:D—单相,S—三相。

冷却方式:J—油浸自冷,G—干式浸渍空气自冷,C—干式浇注绝缘,F—油浸风冷,S—油浸水冷。

循环方式:自然循环不标,P—强迫循环。

绕组数:双绕组不标,S—三绕组,F—双分裂绕组。

导线材质:铜线不标,L—铝线。

调压方式：无励磁调压不标，Z—有载调压。

设计序号（1，2，3，…）：半铜半铝加 b。

额定容量：单位为 kVA。

高压绕组额定电压等级：单位为 kV。

防护代号：一般不标，TH—湿热，TA—干热。

【例3-1】 SFP－6300/35，表示三相、油浸风冷、强迫循环、铜线绕组、额定容量为 6 300 kVA、高压绕组额定电压为 35 kV 的电力变压器。

【例3-2】 SJ9－315/10 表示三相、油浸自冷式、铜线绕组、额定容量为 315 kVA、高压绕组额定电压为 10 kV 的电力变压器，设计序号 9 表示低损耗型。

【例3-3】 SC（B）8－630/10 表示三相、环氧树脂浇注干式绝缘、额定容量为 630 kVA、高压绕组额定电压为 10 kV 的电力变压器，设计序号 8 表示低压箔式绕组设计，（B）表示低压箔式绕组。

3.1.1.2 变压器安装位置的选择

变压器是变配电站的核心设备，绝缘结构有油浸式变压器和干式变压器，油浸式变压器所用的油闪点为 135～160 ℃，属于可燃液体，有爆炸危险。因此，选择变压器的位置时须注意：

（1）变压器的安装位置必须安全可靠，并且运输方便、便于吊装检修。

（2）变压器应安装在其供电范围的负荷中心，使其投入运行时线路损耗小，并能满足电压质量的要求，一般应设在大负荷附近。

（3）变压器铭牌项目应齐全，安装位置应便于带电巡视。

（4）变压器需要单独安装在变台杆上时，以下电杆上不能安装变压器：①大转角杆、分支杆和装有柱上油断路器、隔离开关和高压引下线及电缆的电杆；②低压架空线及接户线多的电杆；③不易巡视、检查负荷和检修吊装变压器的电杆。

3.1.1.3 变压器安装的基本要求

由于变压器的容量、电压等级不同,因此对变压器的安装会有不同的要求。对于大容量、高电压的主变压器,由于结构复杂、安装工程量大,故具体安装要求应由设计人员根据设计要求进行充分考虑。而对于 10 kV 电压等级的变压器,安装工程量不大,相对比较简单,安装的基本要求可归纳如下:

(1)容量在 500 kVA 及以上的变压器,宜采用高压计量。

(2)居住建筑物内安装的油浸式变压器,单台容量不得超过 400 kVA。

(3)变压器二次侧应采用低压自动空气断路器控制与保护。对于容量 400 kVA 及以下的变压器可以采用隔离开关控制、熔断器保护。

(4)变压器的安装应考虑能带电检查变压器的油色、油位及上层油面温度、气体继电器等。

(5)变压器的温度计安装运行前,应进行检验,要求密封良好,带警报指示的应动作正确。

(6)装有气体继电器的变压器,由变压器到储油柜的油管应有 2% ~4% 的升高坡度。安装变压器时,顶盖沿气体继电器的方向应有升高 1% ~1.5% 的坡度,气体继电器要水平安装,玻璃窗应向外,便于观察。

(7)变压器的吸湿器与储油柜的连接应紧密,吸潮剂应充实干燥,出气孔应畅通。

(8)变压器的门和围栏上应有"止步,高压危险!"的明显标志,门应加锁,变压器室的门上、下方应有使空气对流的通风百叶窗,百叶窗应加铁丝纱。

(9)变压器防爆管口前方不得有可燃物体。

(10)位于地下的变压器室的门、变压器室通向配电装置室的门、变压器室之间的门均应为防火门。

3.1.1.4　10 kV 室内变压器的安装要求

（1）变压器宽面推进时,低压侧应向外。变压器窄面推进时,储油柜侧向外,便于带电巡视检查。

（2）室内变压器外壳距门不应小于 1 m,距墙不应小于 0.8 m;35 kV 及以上的变压器,距门不应小于 2 m,距墙不应小于 1.5 m。

（3）变压器室设有操作用的开关时,在操作方向上应留有至少1.2 m 的操作宽度。

（4）变压器采用自然通风时,变压器室内地面应高出室外1.1 m。

（5）变压器室不能开窗户,通风口应采用百叶窗罩铁丝纱。变压器室应用铁门,如采用木质门应包铁皮。变压器巡视小门应开在变压器室的门上或侧面的墙上。

（6）变压器母线的安装,不应妨碍变压器吊芯检查。

（7）变压器二次母线的支架,距地面不应小于 2.3 m,高压母线两侧应加遮栏。

（8）单台变压器的油量超过 600 kg 时,应设储油坑。

3.1.1.5　10 kV 室外变压器的安装要求

（1）室外变压器容量不超过 315 kVA 者可采用柱上安装方式,变压器底部距地面不应小于 2.5 m;室外变压器容量为 315 kVA 以上者应在台上安装。

（2）一次引线和二次引线均应采用绝缘导线,裸导体距地面高度不应小于 3.5 m。

（3）变压器台高度一般不应低于 0.5 m,围栏不应低于 1.7 m,变压器壳体距围栏不应小于 1 m,变压器操作面距围栏不应小于2 m。

（4）变压器安装应平稳、牢固。

（5）变压器高压跌开式熔断器的安装,对地安装高度不得低于4.5 m,相同距离不得小于 0.7 m,熔断器与垂线夹角为 15°～30°。

（6）变压器二次侧熔断器的安装应符合:二次侧有隔离开关时,

熔断器应装于隔离开关与低压绝缘子之间;二次侧无隔离开关时,熔断器应装于低压绝缘子外侧,并且绝缘导线跨接在熔断器绝缘台两端的绝缘导线上。

(7)变压器一、二次引线施工时,应不使变压器的高低压瓷套管直接承受应力;采用铝母线与变压器连接时,应采用铜铝过渡接头;当电力变压器的一、二次引线与电力电缆连接时,不应将电缆终端头直接靠着变压器安装。

(8)变压器外壳应可靠接地;变压器的工作零线与中性点接地线应分别敷设,工作零线不能埋入地下;变压器的中性点接地回路,靠近变压器处,应做成可拆卸的连接螺栓;装有阀型避雷器的变压器接地应满足三位一体的要求。

3.1.1.6　变压器的停送电

主变压器断路器停送电的操作顺序是先停负荷侧,后停电源侧;送电时与之相反。这是因为:

(1)从电源侧逐级向负荷侧送电,如有故障,便于确定故障范围,及时作出判断和处理,以免故障蔓延扩大。

(2)多电源的情况下,先停负荷侧可以防止变压器反充电。若先停电源侧,遇有故障可能造成保护装置误动作或拒动作,延长故障切除时间,并有可能扩大故障范围。

3.1.1.7　变压器在运行维护中的安全注意事项

(1)变压器投入运行前,应检查分接开关的位置、油位、接线等是否符合要求,并进行绝缘电阻测试。

(2)变压器投入运行时,应注意电流的异常情况。当电流有异常升高且2 s内不能恢复正常,或三相指示显著不平衡时,应立即切断电源。

(3)并列运行的变压器,必须满足接线组别相同、变比相等、短路电压相等三个条件,而且容量之比不宜超过3:1。

(4)应加强对变压器的运行监视。日常监视的项目有电压、电流、温升等。变压器不得长期过负荷运行。

（5）正常巡视检查时,应查看油位、油色、油温、声响等是否正常,有无渗油、漏油现象,套管是否清洁、有无裂纹、破损及放电痕迹,接线端子有无接触不良、过热现象,干燥剂有无变化,外壳接地是否良好,安全气道及保护膜是否完好,冷却通风设备运转情况是否正常等。对于室内变压器,还应检查门窗是否完好,百叶窗铁丝纱是否完整。对于室外变压器,还应检查基础是否良好,有无基础下沉;对变台杆,检查电杆是否牢固,木杆、杆根有无腐朽现象。巡视检查中若发现设备缺陷,应做记录并向上级报告。一般问题可列入正常维修计划,重大缺陷应立即处理。

3.1.2　电力电容器

电力电容器是改善电能质量、降低电能损耗、提高供电设备利用率的常用设备。运行中电容器有爆炸危险,断电后电容器有残流电荷的危险。

3.1.2.1　电力电容器安装安全注意事项

电力电容器是充油设备,安装、运行或操作不当即可能引起着火甚至发生爆炸,电容器的残留电荷还极有可能直接威胁人身安全。因此,电力电容器的安装须注意以下几点:

（1）电容器应放置在专门的间隔内,室内应保持良好通风、干燥,周围空气相对湿度不应大于80%,海拔不应超过1 000 m,周围不应有腐蚀性气体或蒸汽,不应有大量灰尘或纤维,所安装环境应无易燃易爆危险源或强烈振动,应有适当的防尘措施。

（2）电容器的外壳和铁架均应采取接零或接地措施。

（3）电容器可以分层安装,但层与层之间不得有隔板,以免妨碍通风。对于10 kV的电容器,相邻电容器之间的距离不得小于50 mm。电容器离地面高度不得小于100 mm。

（4）电容器应有合格的放电装置。

（5）低压电容器总容量不超过100 kVA时,可采用交流接触器、刀开关、熔断器或刀熔开关保护和控制;总容量超过100 kVA时,应采用低压断路器保护和控制。

3.1.2.2 电力电容器运行安全注意事项

（1）电容器应在额定电流下运行，允许过负荷电流不得超过额定电流的1.3倍，以免发生热击穿现象。为此，电容器应有短路保护装置。

（2）电容器在运行中，电压不应超过额定电压的1.1倍。若母线电压超过电容器额定电压的1.1倍，应将电容器停用。

（3）应加强对电容器的温度监视。当环境温度不超过40℃时，电容器外壳的温度不得超过65℃。在冬季，电容器的温度不得低于−25℃，以防浸渍剂凝固。

（4）当发现电容器外壳鼓肚、漏油严重、有异声时，应停止电容器运行。

（5）电容器从电网断开后，其上还残留有电荷，电压最大值可达电网电压的幅值，需经放电才能进行维护。高压电容器多用电压互感器作放电电阻，低压电容器用白炽灯作放电电阻。

（6）任何额定电压的电容器组，禁止将带有残留电荷的电容器合闸。电容器正常操作停用后，必须间隔3 min以上才允许重新合闸，以防击穿电容器绝缘。

（7）变电所发生停电事故时，在断开线路的同时，应断开电容器，以免恢复供电时，因母线电压过高和变压器励磁电流中的三次谐波使电容器的过流保护器动作。

（8）由于电容器事故造成跳闸，应查明故障电容器，并查看油箱是否变化、有无喷油现象。

（9）高压电容器组外露的导电部分，应有网状遮栏，进行外部巡视时，禁止将运行中电容器组的遮栏打开。

（10）更换电容器的保险丝，应在电容器没有电压时进行，故进行前，应对电容器放电。

（11）电容器组的检修工作应在全部停电时进行，先断开电源，将电容器放电接地后，才能进行工作。高压电容器应根据工作票，低压电容器可根据口头或电话命令进行工作，但应做好书面记录。

（12）当电容器发生爆炸、起火、严重喷油、严重闪络、接点熔化、严重过热或环境温度超过 40 ℃时，应立即断开电源。

3.2 输电线路与安全

3.2.1 输电线路安全运行的要求

为保证输电线路安全运行，应做到：

（1）水泥电杆无混凝土脱落、露筋现象。

（2）线路上使用的器材，不应有松股、交叉、折叠和破损等缺陷。

（3）导线截面和弛度应符合要求，一个档距内一根导线上的接头不得超过一个，且接头位置距导线固定处应在 0.5 m 以上；裸铝绞线不应有严重腐蚀现象；钢绞线的表面良好，无锈蚀。

（4）金具应光洁，无裂纹、砂眼、气孔等缺陷，安全强度系数不应小于 2.5。

（5）绝缘子瓷件与铁件应结合紧密，铁件镀锌良好；绝缘子瓷釉光滑，无裂纹、斑点，无损坏、歪斜，绑线未松脱。

（6）横担应符合规程要求，上下歪斜和左右扭斜不得超过 20 mm。

（7）拉线未严重锈蚀和严重断股；居民区、厂矿内的混凝土电杆的拉线从导线间穿过时，应设拉线绝缘子。

（8）防雷、防振设施良好，接地装置完整无损，接地电阻符合要求，避雷器预防试验合格。

（9）同一电杆上架设铜线和铝线时要把铜线架在上方。铜线和铝线混架在同一电杆上时，铜线必须架设在上方，因为铝线的膨胀系数大于铜线。在同一长度下，铝线弛度较铜线大。将铜线架设在铝线上方，可以保持铜线与铝线的垂直距离，防止发生事故。

（10）10 kV 及以下架空线路的档距一般不大于 50 m。为了降低线路造价,通过非居民区和农村的线路,档距比城市、工厂或居民区可适当放大一些。但高压线路不宜超过100 m,低压线路不宜超过70 m。高低压线路同杆架设时,档距的大小应满足低压线路的要求。

(11)架空线路导线连接要求:①接触良好紧密,接触电阻小。②连接接头的机械强度不低于导线抗拉强度的90%。③在线路连接处改变导线截面或由线路向下作T形连接时,应采用并沟线夹续接。④导线的连接一般可实行压接、插接、绕接或者焊接。但高压架空导线不宜实行焊接,因为焊接时必须将导线加热,导线加热后会造成退火,其机械强度降低,焊接处将成为薄弱环节。而高压架空线所承受的张力一般较大,该薄弱环节往往断裂而造成事故。⑤导线的接头随导线材料不同而异。钢芯铝线、铝绞线相互连接时,一般采用插接法、钳压法或爆炸压接法;而铜线与铜线的连接一般采用绕接法或压接法。

(12)采用裸导线的架空线路中,将导线固定在绝缘子上的扎线,其材质应与导线的材质相同。在潮湿环境中,如果导线和扎线分别用两种不同的金属材料制成,则在相互接触处会发生严重的电化学腐蚀作用,使导线产生斑点腐蚀或剥离腐蚀,久而久之导线就会断裂。所以,扎线和导线必须用同一种金属材料。

(13)同杆架设多回路的架空线路,其横担间和导线间的距离要求:10 kV及以下线路与35 kV线路同杆架设时,导线间垂直距离不应小于2 m;对于35 kV双回路或多回路线路,不同回路的不同相导线间的距离不应小于3 m;当通信电缆与6~10 kV架空线路同杆架设时,间距不得小于2.5 m;广播明线和通信电缆与380 V以下架空线路同杆架设时,间距不得小于1.5 m。

(14)高压架空线路建成后投入运行时要将电压慢慢地升高,不允许一次合闸送三相全电压。架空线路建成后,可能存在缺陷,而对线路又不能进行耐压试验,因此无法发现绝缘子破裂、对地距离不够等缺陷。如果一次送上全电压,可能造成短路接地事故,影响电力系统正常运行。慢慢升高电压,就可以发现故障而不致造成跳闸事故。

3.2.2　输电线路的安全检查

输电线路是电力系统的重要组成部分,担负着输送电能的重要任务,必须重视安全检查工作。

3.2.2.1　架空线路的安全检查

对跨越单位的架空线路,一般要求每月进行 1 次安全检查。当遇大风大雨及发生故障等特殊情况时,还需临时增加安全检查次数。架空线路的安全检查应重点检查以下项目:

(1)电线杆子有无倾斜、变形、腐朽、损坏及基础下沉等现象。

(2)沿线路的地面是否堆放有易燃、易爆或强腐蚀性物质。

(3)沿线路周围有无危险建筑物。应尽可能保证在雷雨季节和大风季节里,这些建筑物不致对线路造成损坏。

(4)线路上有无树枝、风筝等杂物悬挂。

(5)拉线和标桩是否完好,绑扎线是否紧固可靠。

(6)导线接头是否良好,有无过热发红、严重老化、腐蚀或断脱现象;绝缘子有无污损和放电现象。

(7)避雷接地装置是否良好,接地线有无锈断情况,在雷雨季节到来之前,应重点检查。

3.2.2.2　电缆线路的安全检查

电缆线路一般是敷设在地下的,要做好电缆的安全运行与检查工作,就必须全面了解电缆的敷设方式、结构布置、走线方向及电缆头位置等。对电缆线路一般要求每季度进行 1 次安全检查,并应经常监视其负荷大小和发热情况。当遇大雨、洪水等特殊情况及发生故障时,还须临时增加安全检查次数。电缆线路的安全检查应重点检查以下项目:

(1)电缆终端及瓷套管有无破损及放电痕迹。

(2)对明敷的电缆,应检查电缆外表有无锈蚀、损伤,沿线挂钩或支架有无脱落,线路上及附近有无堆放易燃、易爆及强腐蚀性物质。

（3）对暗设及埋地的电缆,应检查沿线的盖板和其他覆盖物是否完好,有无挖掘痕迹,路线标桩是否完整等。

（4）电缆沟内有无积水或渗水现象,是否堆有杂物及易燃、易爆物品。

（5）线路上各种接地是否良好,有无松动、断股和锈蚀现象。

3.2.2.3　配电线路的安全检查

要做好配电线路的安全检查工作,必须全面了解配电线路的布线情况、结构形式、导线型号规格及配电箱和开关的位置等,并了解负荷的大小及变电室的情况。对配电线路,有专门的维护电工时,一般要求每周进行 1 次安全检查,检查项目如下:

（1）导线的发热情况。

（2）线路的负荷情况。

（3）配电箱、分线盒、开关、熔断器、母线槽及接地接零装置等的运行情况,着重检查母线接头有无氧化、过热变色和腐蚀,接线有无松脱、放电和烧毛,螺栓是否紧固。

（4）线路上及线路周围有无影响线路安全运行的异常情况。绝对禁止在绝缘导线上悬挂物体,禁止在线路旁堆放易燃、易爆物品。

（5）对敷设在潮湿、有腐蚀性物体的场所的线路,要定期对绝缘装置进行检查,绝缘电阻一般不得低于 0.5 MΩ。

3.3　家用电器与安全

家用电器与家庭生活密切相关,家用电器在给人们带来极大方便的同时,也带来了巨大的安全隐患。由家用电器引起的触电或火灾事故时有发生。据统计,我国每年由家用电器造成的触电死亡人数超过数千人,因家用电器引发火灾造成的经济损失巨大。由于家用电器的使用对象复杂,使用范围广,家用电器的安全使用问题应该得到足够重视。

3.3.1 家用电器的分类

随着家用电器普及率的逐年提高,进入家庭的各类电器品种繁多。目前,家用电器的品种已达上千种,就其使用功能可分为以下几类。

3.3.1.1 生活电器

生活电器主要有电风扇、空调器、加湿器、洗衣机、吸尘器、电冰箱、电饭锅、电烤箱、微波炉、电热器、电熨斗、电吹风、电热水器、电动按摩器等。

3.3.1.2 照明器具

照明器具包括各种室内外照明灯器具等。

3.3.1.3 家用电子器具

家用电子器具主要有电视机、DVD、家用计算机、电子游戏机、通信产品、手机等。

3.3.2 家用电器的安全隐患

家用电器的安全隐患主要包括火灾、触电和电磁辐射的危害。

3.3.2.1 火灾

许多家用电器在使用过程中会伴随有高温,如白炽灯、电炒锅、电饭锅和加热器具(包括电热水壶、电热锅、电压力锅、开水器等),容易引燃易燃物造成火灾。火灾不仅会造成巨大的经济损失,还会造成人员伤亡。

3.3.2.2 触电

就人体触电事故的发生情况来说,大体有两种情况:一是人体直接接触电气设备带电部位,二是人体碰触因绝缘损坏而带电的金属外壳。我国家用电器一般采用 220 V、50 Hz 的交流电作为电源,这是一种非安全电压。

3.3.2.3 电磁辐射的危害

电脑、电视、微波炉、电磁炉、音响等家用电器存在一定量的电磁辐射。人体在高频电磁场作用下,吸收辐射能量会受到不同程度的伤害。

电磁辐射对人体的危害主要表现在它对人体神经系统的不良作用,主要症状是神经衰弱,具体表现为头昏脑涨、无精打采、失眠多梦、疲劳无力以及记忆力减退等,有时还有头痛眼涨、四肢酸痛、食欲不振、脱发、多汗、体重下降等现象。

家电、电子设备、办公自动化设备、移动通信设备,这些电器只要处于使用状态,它的周围就会存在电磁辐射。

3.3.3 正确安装和使用家用电器

3.3.3.1 确保满足产品安装条件和对环境的要求

购买家用电器,首先应认真查看产品说明书中的技术规格,如电源种类是否与家里的电源一致,电器耗电功率与家庭已有的供电能力能否满足,特别是插座、开关、电表和导线等。安装家用电器应查看产品说明书中对安装环境的要求,家用电器要与天然气等易燃气体和淋浴水洒等保持足够的安全距离。

3.3.3.2 确保接地或接公用零线

家用电器中的电冰箱、洗衣机、电风扇、电热水器、空调等都属于Ⅰ类电器,它们的特点是电源引线采用三脚插头,其中三脚插头中的顶脚与电器的金属外壳相连。按照Ⅰ类电器的安全使用要求,使用时金属外壳必须接地或接公用零线,即所谓的保护接地和保护接零。在敷设电源线路时,相线、零线应标志明晰,并与家用电器接线保持一致,不得接错。

3.3.3.3 规范操作

许多家用电器都有一定的操作规范,错误的操作很可能引起机器故障,引发安全事故。在使用电器之前一定要仔细阅读使用说明书,严格按照要求步骤操作电器。

3.3.3.4 出现异常现象立即断电

在使用家用电器时若发现异常,如发现电压异常升高或降低,有

异常响声、气味、温度、冒烟、火光等,要立即断开电源,请专业人员
修理。

3.3.4 发生家庭用电事故的主要原因

3.3.4.1 缺乏电气安全知识和安全用电意识,违反操作规程

(1)带电连接线路或电气设备而又未采取必要的安全措施。

(2)触及破坏的设备或导线。

(3)带电接照明灯具或湿手拧灯泡。

(4)带电修理电器设备等。

3.3.4.2 用电设备不合格

(1)安全距离不够。

(2)接地线不合格或接地线断开。

(3)电器功率过大而开关、导线容量不足。

(4)缺少漏电保护或保安器。

(5)绝缘破坏,导线裸露在外等。

3.3.4.3 长时间生活在电磁辐射环境中

(1)长时间使用电脑、手机。

(2)长期工作在运行中的电磁炉、微波炉旁等。

3.3.5 家庭用电事故的预防措施

(1)掌握必要的安全用电知识,了解家用电器的操作及使用
规程。

(2)安装必要的漏电保护装置,对于Ⅰ类电器,保证可靠的接地
连接。

(3)在安装用电设备的时候,必须保证质量,并应满足安全使用
的要求。

(4)在使用过程中,如发现灯头、插座接线松动(特别是移动电
器插头接线容易松动)、接触不良或有过热现象,要请专业人员及时
处理。

（5）禁止在导电线路和开关、插座附近放置油类、棉花、木材等易燃物品。

（6）电气火灾前，都有一种前兆，要特别引起重视，就是电线因过热首先会烧焦绝缘外皮，散发出一种烧胶皮、烧塑料的难闻气味。所以，当闻到此气味时，应首先想到可能是电气方面原因引起的，如查不到其他原因，应立即断电，直到查明原因，妥善处理后，才能送电。

（7）万一发生了火灾，不管是否是电气方面引起的，首先要想办法迅速切断火灾范围内的电源。因为，如果火灾是电气方面引起的，切断了电源，也就切断了起火的火源；如果火灾不是电气方面引起的，也会烧坏电线的绝缘，若不切断电源，烧坏的电线会造成碰线短路，引起更大范围的电线着火。

第4章 电气安全装置

在生产过程中,为了防止发生电气事故,保证电气正常工作,可以采用各种形式的安全装置。凡是与电气有密切关系的安全装置即称电气安全装置。电气安全装置除用于防止触电、接地等电气事故外,还用于防止电气火灾和机械伤害等事故。

电气安全装置的种类很多。本章主要介绍断路器装置、漏电保护装置、电气联锁装置和等电位联结。

4.1 断路器

能够关合、承载和开断正常回路条件下的电流,并能关合、在规定的时间内承载和开断异常回路条件(包括短路条件)下的电流的开关装置叫断路器,图4-1所示就是一种断路器。

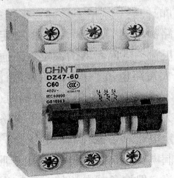

图4-1 断路器

4.1.1 断路器的作用

断路器的主要作用是通断正常负荷的电流,并在电路短路时自动跳闸,切断短路故障。

断路器一般接在一组电路中作为总开关。

4.1.2　断路器的正常工作条件

(1)周围空气温度。周围空气温度的适宜范围为 -5 ~ +40 ℃,周围空气温度 24 h 的平均值不超过 +35 ℃。

(2)海拔。安装地点的海拔低于 2 000 m。

(3)大气条件。大气相对湿度在周围空气温度为 +40 ℃时不超过 50%,在较低温度下可以有较高的相对湿度;最湿月的月平均最大相对湿度为 90%,同时该月的月平均最低温度为 +25 ℃。

(4)污染等级。污染等级为 3 级。

4.1.3　断路器的选用原则

断路器的种类很多,下面是断路器的一般选用原则:

(1)根据用途选择断路器的型式及极数。

(2)根据最大工作电流选择断路器的额定电流,根据需要选择脱扣器的类型、附件的种类和规格。具体要求是:①断路器的额定工作电压不得小于线路额定电压。②断路器的额定短路通断能力不得小于线路计算负载电流。③断路器的额定短路通断能力不得小于线路中可能出现的最大短路电流(一般按有效值计算)。④线路末端单相对地短路电流不得小于 1.25 倍断路器瞬时(或短延时)脱扣整定电流。⑤断路器欠压脱扣器额定电压等于线路额定电压。⑥断路器的分励脱扣器额定电压等于控制电源电压。⑦电动传动机构的额定工作电压等于控制电源电压。⑧断路器用于照明电路时,电磁脱扣器的瞬时整定电流一般取负载电流的 6 倍。

(3)采取断路器作为单台电动机的短路保护时,瞬时脱扣器的整定电流为电动机启动电流的 1.35 倍(DW 系列断路器)或 1.7 倍(DZ 系列断路器)。

(4)采用断路器作为多台电动机的短路保护时,瞬时脱扣器的整定电流为最大一台电动机的启动电流的 1.3 倍再加上其余电动机的工作电流。

（5）采用断路器作为配电变压器低压侧总开关时,分断能力应大于变压器低压侧的短路电流值,脱扣器的额定电流不应小于变压器的额定电流,短路保护的整定电流一般为变压器额定电流的 6~10 倍;过载保护的整定电流等于变压器的额定电流。

（6）考虑环境条件(如海拔、温度、湿度),选择断路器。

（7）初步选定断路器的类型和等级后,还应与上、下级开关的保护特性进行匹配,以免越级跳闸,扩大事故范围。

4.1.4 断路器使用注意事项

严禁使用容量不足的断路器,否则断路器跳闸后将因电弧不能熄灭而出现故障。断路器的额定开断电流必须大于工作地点的最大短路故障电流。

断路器事故跳闸后应进行全面检查,看有无喷油现象或其他异常现象出现。油断路器一般在遮断故障 4~6 次以后就应进行内部检修。

严禁将拒绝跳闸的断路器投入运行。

严禁将漏气或漏油的断路器拉闸。如在运行时断路器油位计中看不到油位,并有显著的漏油、渗油现象,则只能当隔离开关看待,因断路器已无灭弧能力。缺油的断路器带负荷拉闸,会引起断路器爆炸。

在操作机构异常时,不得对断路器进行分合闸操作。对电动合闸的断路器应检查操作直流电压。若操作电源电压过低,由于合闸功率不够,将使合闸速度降低而发生断路器爆炸事故。

油断路器具有下列严重缺陷之一时,必须停用:①严重漏油,从而造成油面降低而看不到油面;②绝缘油耐压试验不合格;③支架绝缘子炸裂或套管炸裂;④操作机构不能可靠地跳闸或操作不能保证可靠地跳闸;⑤内部发生放电声响;⑥故障跳闸后,断路器严重喷油冒烟等。

4.2 漏电保护装置

4.2.1 漏电保护装置及其作用

漏电保护是对漏电或触电事故作出快速反应的一种保护方式。当电气设备(或线路)发生漏电或接地故障时,能在人尚未触及之前,迅速动作,切断事故电源,避免事故的扩大,保障人身和设备的安全;或当人体触及带电体时能在 0.1 s 内切断电源,从而避免和减轻电流对人体的伤害。

漏电保护装置的主要作用有:

(1)用于防止由漏电引起的单相电击事故。

(2)用于防止由漏电引起的火灾和设备烧毁事故。

(3)用于检测和切断各种一相接地故障。

(4)有的漏电保护装置还可用于过载、过压、欠压和缺相保护。

漏电保护装置的主要功能是提供间接接触电击保护,而额定漏电动作电流不大于 30 mA 的漏电保护装置,在其他保护措施失效时,也可作为直接接触电击的补充保护,但不能作为基本的保护措施。

漏电保护装置主要用于 1 kV 以下的低压系统。在低压配电系统中装设漏电保护器,是防止电击事故的有效措施之一,也是防止漏电引起电气火灾和电气设备损坏事故的一种技术措施。

4.2.2 漏电保护器的接线方式

漏电保护器在 TN 及 TT 系统中的各种接线方式如图 4-2 ~ 图 4-5 所示。安装时必须严格区分中性线 N 和保护线 PE。三极四线或四极式漏电保护器的中性线,不管负荷侧中性线是否使用,都应将电源中性线接入保护器的输入端。经过漏电保护器的中性线不得作为保护线,不得重复接地或接设备外露可导电部分,保护线不得接入漏电保护器。

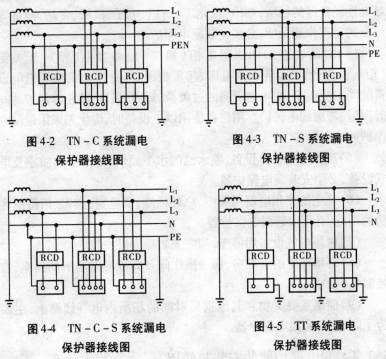

图 4-2　TN – C 系统漏电
保护器接线图

图 4-3　TN – S 系统漏电
保护器接线图

图 4-4　TN – C – S 系统漏电
保护器接线图

图 4-5　TT 系统漏电
保护器接线图

4.2.3　需设置漏电保护装置的场所

　　根据《漏电电流动作保护器》(GB 6829—86)的标准要求和《漏电保护器安装和运行》(GB 13955—1992)的规定,我国低压配电网内都应按规定选用合格的电流型漏电保护器。1990 年,劳动部颁发了《漏电保护器安全监察规定》,对需设置漏电保护器的场所规定如下:

　　(1)建筑施工场所、临时线路的用电设备必须安装漏电保护器。

　　(2)除Ⅲ类外的手持式电动工具,除Ⅱ类外的移动式生活日常电器,其他移动式机电设备及触电危险性大的用电设备,必须安装漏电保护器。

（3）潮湿、高温、强腐蚀性、金属占有系数大的恶劣场所，及其他导电性能良好的场所，如冶金、化工、纺织、电子、机械、食品、酿造等行业的生产作业场所，必须安装漏电保护器。

（4）对新制造的低压配电柜（箱、屏）、动力柜（箱）、开关箱（柜）、操作台、试验台以及机床、起重机械、各种传动机械等机电设备的动力配电箱，在考虑设备的过负荷、短路、失压、断相等保护的同时，必须考虑漏电保护。用户在使用以上设备时，应优先采用带漏电保护的电器设备。

（5）游泳池的供电设备、喷水池的水下照明、浴室中的插座及电气设备，必须安装漏电保护器。

（6）住宅的家用电器用插座、户外插座，实验室、宾馆、招待所客房的插座，必须安装漏电保护器。

（7）医用电气设备用插座，都应安装漏电保护器。

（8）环境潮湿的洗衣房、厨房操作间及其他潮湿场所的插座，宜装漏电保护器。

（9）储藏重要文物和其他重要财产的场所内电气线路上，主要为了防火，宜装漏电保护器。

4.2.4 漏电保护器的安装与使用

4.2.4.1 漏电保护器的安装

不同的线路系统中的漏电保护器，其安装方法不尽相同，详细说明应查阅有关资料。下面列出的是安装中共有的注意事项：

（1）安装人员必须掌握所安装漏电保护器的构造、性能、工作原理和保护范围等内容。最好是由专业人员负责安装或在现场指导。

（2）安装的漏电保护器应符合选择条件，即电网的额定电压等级应等于保护器的额定电压，保护器的额定电流应大于或等于线路的最大工作电流。

（3）保护器试验按钮回路的工作电压不能接错。

（4）总保护和干线保护装在配电室内，支线或终端线保护装在配电箱或配电板上，并保持干燥通风，无腐蚀性气体的损害。

（5）在保护器的负荷侧零线不得重复接地或与设备的保护接地线相连接。

（6）设备的保护接地线不可穿过零序电流互感器的贯穿孔。

（7）当负载为单相、三相混合电路时，零线必须穿过零序电流互感器的贯穿孔，并采用四极漏电保护器。

（8）零序电流互感器安装在电源开关的负荷侧出线中，应尽量远离外磁场；与接触器应保持 $300 \sim 400$ mm 的距离，以防止外磁场影响而引起保护器误动作。

（9）保护器应远离大电流母线，穿过零序电流互感器的导线应捆扎在一起形成集束线，置于零序电流互感器贯穿孔的中心位置。

（10）保护器本身所用的交流电源（供整流用或脱扣线圈用）应从零序电流互感器的同一侧取得。

（11）电路接好后，应首先检查接线是否正确，并通过试验按钮进行试验。按下试验按钮，保护器应能动作。或用灯泡对各相进行试验，具体方法是：按保护器的动作电流值选择适当功率的灯泡，将零序电流互感器下面的出线断开，用灯泡分别接触各相（灯泡的另一端接地），则保护器应动作、跳闸。

（12）保护线的连接。使用漏电保护器后，被保护的用电设备外露可导电部分仍必须与保护线连接。

（13）重复接地的连接。在 TN 系统中，电源进线的重复接地必不可少，但重复接地只能接在漏电保护器的电源端，不允许接在负载端。

（14）中性线的连接。每台漏电保护器所辖的线路必须有各自独立的专用中性线，不同漏电保护器的中性线不准相连，也不准就近借用或支接；对于 TN－C－S 系统，应将保护中性线在漏电保护器的电源侧分开为中性线和保护线，一般作中性线使用，与相线一起接入漏电保护器，另一根只能作为保护线用，不可接入漏电保护器。

（15）电源侧、负载侧的连接。当漏电保护器标有"电源侧"和"负载侧"时，必须注意接线，不能接反。

（16）正确使用颜色导线。在安装接线时，应按规定利用不同颜色的导线：相线 L_1 为黄色，L_2 为绿色，L_3 为红色，中性线要采用淡蓝色，保护线应采用绿/黄双色，保护中性线也应采用绿/黄双色。

安装漏电保护器，对人身触电事故起到了应有的保护作用，但不能杜绝所有的触电事故。因此，必须考虑与其他防护措施相配合，以期达到对触电事故进行最有效的防护目的。

4.2.4.2 漏电保护器的使用和维护

为了能使漏电保护装置正常工作，保持良好的状态，从而起到保护作用，必须做好以下几项使用与维护工作：

（1）漏电保护器投入使用后，应有专人管理。管理人员应有一定的专业知识和技能。对保护器的误动和拒动，应及时查找原因，进行修复或更换，并能正确处理保护器的其他故障，保证保护器的可靠、安全运行。

（2）漏电保护器应定期检查试验。每月需在通电状态下，按动试验按钮，检查漏电保护装置是否可靠，雷雨季节应增加试验次数。除用试验按钮试跳外，还可以用灯泡、电阻等分相试验跳闸。此外，还要定期检查测量保护器所在电网的绝缘水平，以便对总保护器的动作电流进行修正。对于总保护和分支保护的动作电流值的整定，应从电网可靠运行和安全运行两方面统筹考虑而定。

（3）巡视检查和定期检查维修时，应清除附在保护装置上面的灰尘，以保证绝缘良好。

（4）当漏电保护装置因被保护电路发生故障而分断电路时，要查明原因。凡有白色漏电指示按钮的开关，应先检查一下该按钮。若漏电指标按钮已跳起，说明线路中已出现漏电和触电故障，应查明原因并排除故障后才能将漏电指示按钮复位，再合开关。若漏电指标按钮没跳起，则是过负荷故障。

（5）漏电保护装置在使用了一定次数后，在转动机构部分应加润滑油,保证操动机构动作灵活、可靠。

(6)漏电保护装置被保护电路发生故障时,须打开盖子进行内部清理(主要清理消弧室和触头),消弧室的内壁和栅片上要清理干净;要仔细清理触头上的毛刺、颗粒,保证接触良好。当触头磨损到原来厚度的1/3时,要更换触头。

(7)为检验漏电保护装置在运行中的动作特性及变化,应定期进行动作特性试验。试验的主要内容有:①测试漏电动作电流值;②测试漏电不动作电流值;③测试分断时间。

(8)退出运行的漏电保护装置再次使用之前,要对它进行动作特性试验。

(9)定期分析漏电保护器装置的运行情况,及时更换有故障的保护装置。

(10)漏电保护装置动作后,经查未发现事故原因时,允许试送电一次。如果再次动作,应查明原因找出故障,必要时对它进行动作特性试验,不得连续强行送电,除经检查确认保护装置本身发生故障外,严禁私自撤除漏电保护装置强行送电。

(11)在漏电保护装置的保护范围内发生电击伤亡事故时,应检查漏电保护装置的动作情况,分析未能起到保护的原因。在未调查前应保护好现场,不得拆动漏电保护装置。

第 5 章　雷电及电气防雷

雷电现象是一种自然现象,是自然界物质运动的一种表现形式。由于它常常给人类生命财产造成巨大损失,长期以来,有关雷电现象的本质和减轻雷害的方法的研究从未停止过。

在微电子技术迅速发展的今天,雷电放电时不仅会对雷击点的建筑物和设备造成破坏,由于雷击电磁脉冲以电磁波辐射形式迅速向四周传播,也会使邻近的众多电子设备同时遭到破坏,这是现代防雷技术需要解决的一个问题。

5.1　雷击对电气系统的影响

当直击雷和感应雷作用于电力线路时,雷电击中高压电力线路,经过变压器耦合为低压后入侵建筑物内的供电设备,对电力系统和电气设备造成损害;闪电击中建筑物或建筑物附近时,雷电流通过引下线流入接地体,在接地体上会发生几十千伏至几百千伏的高电压,这种形式的高电压可通过电路中的零线、保护接地和综合布线中的接地线,以脉冲波的形式侵入室内,并沿着导线传播,殃及更大的范围。

建筑物的交流电源通常是由城市电网引入的。当雷击于电网附近或直击于电网时,能够在线路上产生过电压波,这种过电压波沿进户线路传播进入户内,通过交流电源系统侵入设备,造成设备的损坏。同时,雷电过电压波也能从交流电源侧或通信线路传播到直流电源系统,危及直流电源及其负载电路的安全。

5.2 电气防雷的措施

5.2.1 常见的电气防雷装置

防直击雷的常用装置有避雷针、避雷带、避雷网及引下线、接地装置等,见图5-1。避雷针、避雷带、避雷网等统称为接闪器,它们通过引下线与接地装置连接,将雷击能量泄入大地,保护建筑物及电气设备免遭雷击。

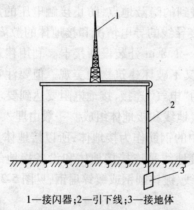

1—接闪器;2—引下线;3—接地体

图 5-1 建筑物防雷装置的组成

避雷针是最常见的接闪器,由于它高出被保护物,又和大地直接相连,当雷云接近时,它的尖顶部位与雷云之间的电场强度最大,因而可将雷云的电荷吸引到避雷针本身,并经引下线和接地装置将雷电流安全地泄放到大地中去,使被保护物免受直接雷击。

避雷带是指在建筑物屋顶四周的女儿墙或屋脊、屋檐上装上金属带作为接闪器,并把它与大地良好连接,其保护原理与避雷针相同。避雷带一般采用镀锌圆钢,直径不小于 8 mm。建筑物顶的突出物,如金属旗杆、透气管、钢爬梯、金属烟囱、金属天线等,都必须与避雷网焊接成一体作为接闪装置。

避雷网一般是由钢筋混凝土结构中的钢筋网构成的。利用混凝土中的钢筋作为暗装避雷装置时，必须做到内部钢筋可靠的"电气"连接，各层圈梁和钢筋混凝土柱中要选取两根主筋进行焊接连接，并由基础引出不少于两根导线焊接到接地装置上。然后，对建筑物内的金属设备、金属管道等也必须可靠接地，电气设备采用中性点接地系统，其中性点统一接到避雷接地装置上。

引下线和接地装置是用来传导和泄放雷电流的。引下线一般采用圆钢或扁钢，其尺寸不小于下列数值：圆钢直径为 8 mm；扁钢截面面积为 48 mm^2，厚度为 4 mm。专设引下线一般沿建筑物外墙明敷，但应装在人不易碰到的隐蔽地点，防止接触电压的危害。为了便于检查避雷设施连接导线的导电情况和接地体的散流电阻，应在每根引下线距地面 0.3~1.8 m 处装设断接卡。利用建筑物的柱筋作避雷引下线，既经济又不破坏建筑物的美观。但要注意与接闪器及接地装置应有可靠的"电气"连接，接地电阻要达到要求。

接地装置由接地线和接地体组成。一般由埋入土壤中的金属物体或建筑物基础中的钢筋作为接地体，所以接地体又分人工接地体和自然接地体。接地线是连接接地体和设备接地部分的导线或导体，常采用接地铜线、镀锌圆钢或镀锌扁钢，见图 5-2。

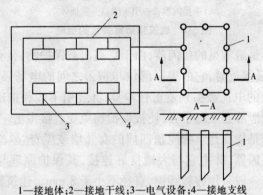

1—接地体；2—接地干线；3—电气设备；4—接地支线

图 5-2 接地装置示意图

为了避免雷电由交流供电电源线路侵入,可在变配电所高压柜内的各相安装避雷器一级保护,在低压柜内安装阀式避雷器装置作为第二级保护。为安全起见,可在建筑物各层的供电配电箱中安装电涌避雷器三级保护,并将配电箱的金属外壳与建筑物的接地系统可靠连接。

避雷器并联在被保护设备或设施上,正常时处在开路状态,出现雷击过电压时,击穿放电,切断过电压,发挥保护作用;过电压终止后,避雷器迅速恢复开路状态,恢复正常工作。避雷器主要用来保护电力设备和电力线路,也用来防止高电压侵入室内。避雷器有管型避雷器和阀型避雷器之分,应用最多的是阀型避雷器。

5.2.2 防雷措施

5.2.2.1 外部防雷——拦截措施

综合性系统防雷工程的第一道防线,就是拦截直击雷。最经济、最有效的方法,仍然是采用安装包括接闪器、引下线和接地体在内的防直击雷防护装置的方法。作为拦截雷电的接闪器——避雷针,它保护的范围是有一定限度的。对建筑物的直击雷防护,要通过计算来确定设置避雷针的高度,或采用多根避雷针来覆盖被保护的建筑物。

当接闪器接闪后,为了分流,可能需要多根引下线将雷电流引下,这就好比使用多条河道或拓宽了河道以泄洪水。大地是泄放雷电流的最好场所,如同海纳百川一样。如果接地装置的接地电阻很低,则雷电流的泄放速度会更加快。如果接地电阻值较高,根据欧姆定理 $U = RI$,当电流值一定时,引下线上的电压会因接地电阻值较高而增大,此时可能对引下线周边的物体发生闪络。

5.2.2.2 屏蔽措施

屏蔽是防止任何形式电磁干扰的基本手段之一,屏蔽的目的:一是限制某一区域内部的电磁能量向外传播,二是防止或降低外界电磁辐射能量向被保护的空间传播。

空中的雷击电磁场是无孔不入的,特别是对砖木结构的建筑物以及钢筋结构建筑物的非金属门窗等处,强雷击电磁场会轻易地钻进来破坏电子设备。

对于电子设备的屏蔽,主要依赖外壳。对于屏蔽要求很高的设备,应设置专用的屏蔽室。因此,当被保护的电子设备比较重要,同时耐磁场强度较弱时,就要采用金属网或金属板组成的屏蔽室,将设备屏蔽起来加以保护。

5.2.2.3 等电位连接

站在地上的人触摸电线会被电击,而在高压线上作业的工人不会被高压电电击。原因是他与高压线的高电压是等电位的,由于没有电位差,所以没有电流流过,就不会被电击。

为了保证设备和操作人员的安全,各类电器设备和信息设备均应采取等电位连接的措施。也就是把各类设备包括所有的导体,都要做到良好的导电性连接,并且与接地系统连通。其中,非带电导体可直接用导线连接,带电导体通过电涌保护器(SPD)连接。目的是使所有的设备和导体与接地系统做到电位均衡连接,也就是所有导电部件之间不能存在显著的电位差,导电部件与接地系统之间也就不会产生电位差,从而形成电位相等的电磁环境。因此,等电位连接也称为均压。

具体地讲,就是对进入建筑物的所有金属导体、管道、电缆的外屏蔽层,都做等电位连接与接地。对于配置有电子信息设备的机房,应设等电位连接端子板,端子板也应可靠接地。机房内的电气设备和电子设备的金属外壳、机柜、机架、屏蔽线外层以及在电源通道和信号通道上加装的各种 SPD,都要以最短的距离就近与等电位连接端子板连接。使所有的设备和导体与共用接地系统之间,保持可靠的等电位连接,从而达到保护设备和人身安全的目的。

5.2.2.4 电涌保护器

电涌保护器(SPD)是一种钳制过电压和分走电涌电流的器件。当 SPD 被并联到被保护的低压电气线路或电子线路时,如果线路上流过的是正常的工作电流,则 SPD 呈高阻抗状态;只有在线路上出现过电压和过电流时,它们才呈低阻抗状态,此时电涌电流通过 SPD 泄入大地,从而保护了后面的电气设备或电子设备。

5.3 建筑物防雷

5.3.1 建筑物防雷分类

根据国家质量技术监督局、中华人民共和国建设部联合发布的《建筑物防雷设计规范》(GB 50057—1994)的相关条款,建筑物应根据重要性、使用性质、发生雷电事故的可能性和后果,按防雷要求分为三类。

5.3.1.1 第一类防雷建筑物

(1)凡在建筑物中制造、使用或储存炸药、火药、起爆药、火工品等大量爆炸物质,因电火花引起爆炸会造成巨大破坏和人身伤亡者。

(2)具有 0 区、1 区或 10 区爆炸危险环境的建筑物。

5.3.1.2 第二类防雷建筑物

(1)国家级的重点文物保护建筑物。

(2)国家级的会堂、办公建筑物、大型展览建筑和博览建筑物、大型火车站、国家级宾馆、国家级档案馆、大型城市的重要给水水泵房等特别重要的建筑物。

(3)国家计算中心、国际通信枢纽等对国民经济有重要意义且装有大量电子设备的建筑物。

(4)制造、使用或储存爆炸物质的建筑物,且电火花不易引起爆炸或不致造成巨大破坏和人身伤亡者。

(5)具有 2 区或 11 区爆炸危险环境的建筑物。

(6)工业企业内有爆炸危险的露天钢质封闭气罐。

(7)预计雷击次数大于 0.06 次/a(即次/年)的部、省级办公楼及其他重要或人员密集的公共建筑物。

(8)预计雷击次数大于 0.3 次/a 的住宅、办公楼等一般性民用建筑物。

5.3.1.3 第三类防雷建筑物

(1)省级重点文物保护建筑物及省级档案馆。

(2)预计雷击次数大于等于 0.012 次/a,且小于等于 0.06 次/a 的部、省级办公建筑物及其他重要或人员密集的公共建筑物。

(3)预计雷击次数大于等于 0.06 次/a,且小于或等于 0.3 次/a 的住宅、办公楼等一般性民用建筑物。

(4)预计雷击次数大于等于 0.06 次/a 的一般性工业建筑物。

(5)根据雷击后对工业生产的影响及产生的后果,并结合当地气象、地形、地质及周围环境等因素,确定需要防雷的 21 区、22 区、23 区火灾危险环境。

(6)在年平均雷暴日大于 15 d/a(即天/年)的地区,烟囱、水塔等孤立的高耸建筑物高度在 15 m 及以上的;在年平均雷暴日小于或等于 15 d/a 的地区,烟囱、水塔等孤立的高耸建筑物高度在 20 m 及以上的。

年平均雷暴日是某一地区雷电活动强度的标志。用该地区平均每年发生雷电现象的天数来表示(由当地气象部门统计资料确定),单位为 d/a。我国平均雷暴日分布大致可划分为四个区域:西北地区在 15 d/a 以下,长江以北大部分地区(包括东北)在 15~40 d/a,北纬 23°以南在 80 d/a 以上,海南岛、雷州半岛在 120~130 d/a。

5.3.2 建筑物的防雷保护

按各类建筑物对防雷的不同要求,防雷保护可分为三类。

5.3.2.1 第一类建筑物及其防雷保护

这类建筑物应装设独立避雷针防止直击雷。对非金属屋面应敷设避雷网,避雷网的网格尺寸不应大于 5 m×5 m 或 6 m×4 m。室内一切金属设备和管道,均应良好接地且不得有开口环路,以防止感应过电压;采用低压避雷器和电缆进线,以防雷击时高电压沿低压架空线侵入建筑物内。

当建筑物高度超过 35 m 时,应设置防侧击雷措施:自 30 m 起,每 6 m 沿建筑物四周装设水平均压带,并与引下线连接;30 m 及其以上的金属门窗、栏杆等构件应与接地装置连接。

5.3.2.2　第二类建筑物及其防雷保护

这类建筑物可在建筑物上装避雷针或采用避雷针和避雷带混合保护,以防直击雷。避雷网的网格尺寸不应大于 10 m×10 m 或 12 m×8 m。室内一切金属设备和管道,均应良好接地且不得有开口环路,以防感应雷;采用低压避雷器和架空进线,以防高电位沿低压架空线侵入建筑物内。

当建筑物高度超过 45 m 时,应将 45 m 及其以上的金属门窗、栏杆等构件与接地装置连接,以防侧击雷。

5.3.2.3　第三类建筑物及其防雷保护

这类建筑物防止直击雷可在建筑物最易遭受雷击的部位(如屋脊、屋角、山墙等)装设避雷带或避雷针,进行重点保护。避雷网的网格尺寸不应大于 20 m×20 m 或 24 m×15 m。若为钢筋混凝土屋面,则可利用钢筋作为防雷装置。

当建筑物高度超过 45 m 时,应将 45 m 及其以上的金属门窗、栏杆等构件与接地装置连接,以防侧击雷。

5.4　人身防雷

雷电交加时雷云会直接对人体放电。雷电流泄入大地时产生的对地电压,或是发生二次放电时,都可能造成人身伤亡事故。

雷暴天气时,为防止雷电对人身的雷击伤害,应注意以下几方面:

(1)雷雨时除工作必需外,应尽量少在户外或野外逗留。在户外或野外最好穿塑胶雨衣或使用非金属手柄雨伞。有条件时应避进有宽大金属构架或有防雷设施的建筑内,尽量不要站在或蹲在露天里,尤其应远离电线杆、大树等凸出物 5 m 以外。

(2)雷雨时尽量不要站在高处,要离开小山、小丘以及湖滨、河边、池塘;还应尽量远离铁塔、旗杆、金属杆、烟囱以及孤独大树等。

(3)在室内应注意雷电侵入波的危害。雷雨时要离开电灯线、电源线、电话线、电视机天线等 1 m 以外,以防止这类线路对人身二次放电造成伤害。最好将电器关闭,拔下电源线、信号线等。

(4)雷雨时必须迅速关好门窗,以防止可能出现的球形雷对人体、房屋及电器造成危害。

(5)万一有人遭雷击后,切不可惊慌失措,应冷静而迅速地处置。除非受雷击者已有明显死亡症状外,对于一般不省人事、处于昏迷状态甚或"假死"状态的受害者,应不失时机地就地进行正确的紧急救护。具体救护方法与对一般触电者施行的急救方法相仿,应及时、尽力抢救雷击受害者的生命。

第6章 安全用电常用工具及器具

6.1 常用电工工具

电工工具很多,常用的有试电笔、螺丝刀、钢丝钳、尖嘴钳、断线钳、剥线钳、电工刀、活络扳手、套筒扳手、手电钻、冲击钻、喷灯、电烙铁、紧线器、踏板、脚扣、腰带、保险绳和腰绳等。本节主要介绍一些常用电工工具。

电气安全用具分绝缘安全用具和一般安全防护用具两大类。属于绝缘安全用具的有绝缘杆、绝缘夹钳、绝缘台、绝缘手套、绝缘靴(鞋)、绝缘垫、验电笔、携带型接地线等。属于一般安全防护用具的有安全带、安全帽、安全照明灯具、防毒面具、标示牌和临时遮栏等。

绝缘安全用具按绝缘强度大小又可分为基本安全用具和辅助安全用具两类。基本安全用具绝缘强度大,能长期承受电气设备的工作电压,能直接用来操作带电设备,并能在本工作电压等级产生过电压时,保证工作人员的人身安全。如绝缘杆、绝缘夹钳及验电器等都属于基本安全用具。辅助安全用具绝缘强度小,不能承受电气设备或线路的工作电压,只是用来加强基本安全用具的保安作用,能防止接触电压、跨步电压和电弧对操作人员的伤害,如绝缘台、绝缘手套、绝缘靴(鞋)及绝缘垫等都属于辅助安全用具。

6.1.1 绝缘杆

使用绝缘杆时的注意事项:
(1)使用绝缘杆时禁止装设接地线。
(2)使用时工作人员手拿绝缘杆的握手部分,注意不能超出护环,且要戴绝缘手套、穿绝缘靴(鞋)。

（3）绝缘杆每年要进行一次定期试验。具体试验标准见表6-1。

表6-1　常用电气绝缘工具试验标准

名称		电压等级（kV）	试验标准			试验周期（年）
			耐压试验（kV）	耐压持续时间（min）	泄漏电流（mA）	
绝缘杆		0.5	10	5		0.5
		6~10	40			
绝缘挡板、绝缘罩		35	80	5		1
绝缘手套		高压	8	1	≤9	0.5
		低压	2.5		≤2.5	
绝缘靴		高压	15		≤7.5	0.5
绝缘鞋		≤1	3.5	1	≤2	0.5
绝缘绳		低压	105/0.5 m	5		0.5
绝缘垫		>1	15	以2~3 m/s的速度拉过	≤15	2
		≤1	5	拉过		
绝缘站台		各种电压	40	2	≤5	3
绝缘柄工具		低压	3	1		0.5
验电笔		0.5	4	1		0.5
		6~10	40	5		
钳形电表	绝缘部分	≤10	40	1		1
	铁芯部分	≤10	20	1		1

6.1.2　绝缘夹钳

绝缘夹钳如图6-1所示。

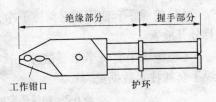

（a）高压绝缘夹钳　　　　　（b）绝缘夹钳组成

图 6-1　绝缘夹钳

使用绝缘夹钳时的注意事项如下：

（1）夹熔断器时工作人员的头部不可超过握手部分，并应戴护目眼镜、绝缘手套和穿绝缘靴（鞋）或站在绝缘台（垫）上。

（2）工作人员手握绝缘夹钳时要保持平稳和精神集中。

（3）绝缘夹钳每年要进行一次定期试验。

6.1.3　绝缘手套

绝缘手套如图 6-2 所示。

使用绝缘手套时的注意事项如下：

（1）使用前检查，可将手套朝手指方向卷曲，如图 6-3 所示，以检查手套有无漏气或裂口等缺陷。

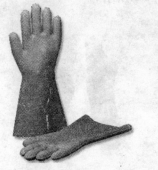
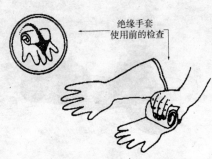

图 6-2　绝缘手套　　　图 6-3　使用绝缘手套前的检查

（2）戴手套时应将外衣袖口放入手套的伸长部分。

（3）绝缘手套使用后必须擦干净，放在柜子里；并且要和其他工具分开放置。

（4）绝缘手套每半年要试验一次。具体试验标准见表6-1。绝缘手套的技术数据见表6-2。

表6-2　绝缘手套的技术数据

项目		单位	12 kV 绝缘手套	5 kV 绝缘手套
试验电压		kV	12	5
使用电压		V	1 000 V 以上为辅助安全用具 1 000 V 以下为基本安全用具	1 000 V 以下为辅助安全用具
物理性能	扯断强度 伸长率 硬度	N/cm² % 邵氏	1 600 以上 600 以上 35 ± 5	1 600 以上 600 以上 35 ± 5
规格	长度 厚度	mm mm	380 ± 10 1 ~ 1.4	380 ± 10 1 ± 0.4

6.1.4　绝缘靴（鞋）

绝缘鞋和绝缘靴分别如图6-4、图6-5所示。

图6-4　绝缘鞋　　　　　　图6-5　绝缘靴

使用绝缘靴（鞋）时的注意事项如下：

（1）绝缘靴要存放在柜子里，保持干燥，并应与其他工具分开放置。

（2）绝缘鞋的使用期限，制造厂规定以大底磨光为止，即当大底露出黄色面胶时就不宜再在电气作业中使用。

（3）绝缘靴(鞋)每半年试验一次。具体试验标准见表6-1。

6.1.5　绝缘垫

绝缘垫如图6-6所示。

使用绝缘垫时的注意事项如下：

（1）注意防止与酸、碱、盐类及其他化学药品和各种油类接触，以免受腐蚀后绝缘垫老化、龟裂、变黏，降低绝缘性能。

图6-6　绝缘垫

（2）避免与热源直接接触，防止加剧老化变质，破坏绝缘性能。通常应在20~40 ℃环境下使用。

（3）绝缘垫每2年试验一次。具体试验标准见表6-1。

6.1.6　绝缘站台

绝缘站台如图6-7所示。

使用绝缘站台时的注意事项如下：

（1）站台上不得有金属零件。

（2）绝缘站台必须放在干燥的地方。

（3）户外使用时，应避免台脚陷入泥中造成台面触及地面，从而降低绝缘性能。

（4）绝缘站台的定期试验为每3

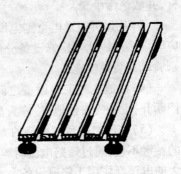

图6-7　绝缘站台

年一次。具体试验标准见表6-1。

6.1.7 携带型接地线

携带型接地线如图6-8所示。

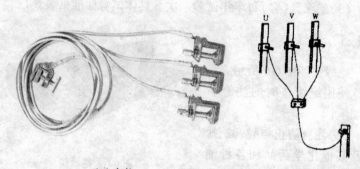

（a）实物　　　　　　　　（b）携带型接地线的连接

图6-8 携带型接地线

使用携带型接地线时的注意事项如下：

（1）电气装置上需安装接地线时，应安装在导电部分的规定位置上。该处不涂漆并应画上黑色标志，要保证接触良好。

（2）装设携带型接地线必须两人进行。装设时应先接接地端，后接导体端；拆接地线的顺序与此相反。装设接地线时应使用绝缘杆，并戴绝缘手套。

（3）凡是可能送电至停电设备，或停电设备上有感应电压时，都应装设接地线。当检修设备分散在电气连接的几个部分时，则应分别验电并装设接地线。

（4）接地线和工作设备之间不允许连接刀闸或熔断器，以防它们断开，设备失去接地，检修人员发生触电。

（5）装设时严禁用缠绕的方法进行接地或短路。这是由于缠绕的接触不良，通过短路电流时容易产生过热而烧坏，同时还会产生较大的电压降作用于停电设备上。

（6）禁止用普通导线作为接地线或短路线。若用它缠绕短路，因它无接地端,工作结束后常会忘记拆除该短路线,送电时将发生三相短路,造成人身伤害事故或设备损坏事故。

(7)为了保存和使用好接地线,所有接地线都应编号,放置的处所亦应编号,以便对号存放。每次使用要作记录,交接班时也要交接清楚。

6.1.8　验电笔

两种不同外形的验电笔如图 6-9 所示,高压验电笔如图 6-10 所示。

1—氖光灯;2—电容器;3—接地螺丝;
4—绝缘部分;5—护环;6—握柄

图 6-9　两种不同外形的验电笔　　　图 6-10　高压验电笔

6.1.8.1　使用高压验电笔的注意事项

(1)必须使用额定电压和被验设备电压等级一致的合格验电笔。

(2)验电前应将验电笔在带电的设备上验电,以证实验电笔良好。

(3)在设备进出线两侧逐相进行验电,不能只验一相,以免开关故障跳闸后其某一相仍然有电压。

(4)验明设备无电压后,需再把验电笔在带电设备上复核是否良好。

步骤(2)、(3)、(4)叫做"验电三步骤"。反复验证验电笔的目的,是防止使用中的验电笔突然失灵而误把有电设备判断为无电设备,发生触电事故。

(5)在高压设备上进行验电作业时,工作人员必须戴绝缘手套。

(6)高压验电笔每 6 个月要定期试验一次,具体试验标准见表 6-1。

6.1.8.2 使用低压验电笔时的注意事项

（1）测试前应先在确认的带电体上试验，以证明是否良好，防止因氖泡损坏而造成误判断；电工在每天出工前都应试验一次，并注意经常保持验电笔的完好。

（2）日常工作中要养成使用验电笔的良好习惯，正确使用验电笔的方法如图6-11所示。

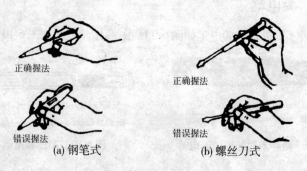

正确握法

正确握法

错误握法

错误握法

(a) 钢笔式　　　　　　　(b) 螺丝刀式

图6-11　验电笔的使用方法

（3）在明亮光线下测试时，往往不容易看清楚氖泡的辉光。此时，应采用避光观察，并注意仔细测试。

（4）有些设备特别是测试仪表，外壳常会因感应而带电，验电时氖泡也发亮，便不一定构成触电危险。此时，可用万用表等其他方法测量，以判断是否真正带电。

（5）使用验电笔时一般应穿绝缘鞋。

6.1.9　使用电工安全用具的注意事项

（1）操作高压开关或其他带有传动装置的电器，通常需使用能防止接触电压及跨步电压的辅助安全用具。除这些操作外，任何其他操作均须使用基本安全用具，并同时使用辅助安全用具。辅助安全用具中的绝缘垫、绝缘台、绝缘靴，操作时使用其中的一种即可。

（2）潮湿天气的室外操作，不允许使用无特殊防护装置的绝缘夹。

（3）无特殊防护装置的绝缘杆,不得在下雨或下雪时在室外使用。

（4）使用绝缘手套时,应将上衣袖口套入手套筒口内,并在外面套上一副布或皮革手套,以免胶面受损,但所罩手套的长度不得超过绝缘手套的腕部;穿绝缘靴时应将裤管套入靴筒内;穿绝缘鞋时,裤管不宜长及鞋底外沿,更不得长及地面,同时应保持鞋帮干燥。

（5）安全用具不得任意作为他用,更不能用其他工具代替安全用具。如不能用医疗手套或化工手套代替绝缘手套,不能用普通防雨胶靴代替绝缘靴,不能用短路法代替临时接地线,不能用普通绳带代替安全腰带等。

（6）进行高空作业时,应使用合格的登高工具。

（7）使用高压验电器时,应戴绝缘手套和站在绝缘台上。

（8）安全用具每次使用完毕,应擦拭干净,放回原处,防止受潮、脏污和损坏。

6.1.10 电工安全用具的保管

（1）安全用具、仪表、标示牌等应分类存放在干燥、通风良好的室内,并经常保持整洁。

（2）绝缘杆(棒)应垂直存放在支架上或悬挂起来,但不得接触墙壁;绝缘手套应用专用支架存放;仪表和绝缘鞋、绝缘夹等应存放在柜内;验电笔(器)存于盒(箱)内;接地线应编号,放在固定地点;安全工具上面不准存放其他物件;橡胶制品不可与油脂类接触。

（3）安全用具及仪表等应分类编号登记,定期进行检查,按期进行绝缘和机械试验。

（4）接地线、标示牌和临时遮栏的数量应根据低压电网的规模或设备数量配备。

6.1.11 电工安全用具的检查和试验

电工安全用具应定期进行检查和试验,主要是进行耐压试验和泄漏电流试验。除几种辅助安全用具要求做两种试验外,一般只要求做耐压试验。试验不合格者不允许使用。试验合格的安全用具应有明显的标志,在标志上注明试验有效日期。登高安全用具如安全带等也应定期进行拉力试验。一些使用中的安全用具的试验内容、标准和周期可参考表6-1。对于一些新的安全用具,要求应严格一些。例如,新的绝缘手套,试验电压为12 kV(泄漏电流为12 mA),新的绝缘靴,试验电压为20 kV(泄漏电流为10 mA),都高于表中的要求。

登高安全用具试验标准见表6-3。

表6-3 登高安全用具试验标准

名称		试验静拉力（N）	试验周期	外表检查周期	试验时间（min）	附注
安全带	大皮带	2 205	半年一次	每月一次	5	
	小皮带	1 470				
安全绳		2 205	半年一次	每月一次	5	
升降板		2 205	半年一次	每月一次	5	
脚扣		980	半年一次	每月一次	5	
竹(木)梯			半年一次	每月一次	5	试验荷重1 765 N

6.2 常用检测器具

6.2.1 电流表

6.2.1.1 电流表的类型

测量电路中的电流强度需使用电流表。根据仪表量程数值的大小,电流表可分为安培表、毫安表和微安表等。使用电流表,应根据被测量电流的大小,选择不同的电流表。

6.2.1.2　连接方式

　　用电流表测量某一支路的电流,应把电流表串联在该支路中。测量直流电流时,应注意仪表的极性与电路的极性一致,即电流由"＋"端流入,"－"端流出,否则指针会反转,严重时会打弯指针。测量交流电流则不必区分极性。

6.2.2　电压表

6.2.2.1　电压表的类型

　　电压表用于测量电路两端的电压。根据仪表量程数值的大小,电压表分为千伏表、伏特表、毫伏表、微伏表等。使用电压表应根据被测电压的大小选择不同的电压表。

6.2.2.2　连接方式

　　用电压表测量负载两端的电压,应把电压表并联在负载的两端。

　　测量直流电压时,应注意仪表的极性与电路的极性一致,即电压表"＋"端接在负载的高电位端,电压表的"－"端接在负载的低电位端。测量交流电压时不必区分极性。

6.2.3　兆欧表

6.2.3.1　兆欧表的类型及使用方法

　　兆欧表又称摇表、绝缘摇表、绝缘电阻表等,是用来测量变压器、电机、电缆等电气设备以及电器线路的绝缘电阻的携带式仪表。兆欧表的额定电压有 500 V、1 000 V、2 500 V 等几种,测量范围有 500 MΩ、1 000 MΩ、2 500 MΩ 等几种。

　　兆欧表上有三个接线柱,一个接线柱用来接被测对象,一个接线柱用来接地或接设备外壳,一个接线柱用来屏蔽接地端或叫开路环。

　　利用兆欧表测量线路对地绝缘电阻、电动机定子绕组的绝缘电阻和电缆绝缘电阻时,接法如图 6-12 所示。测量时将兆欧表放平,由慢到快摇动发电机手柄,当速度达到 120 r/min 时,指针不再上升,这时的读数即为被测物的绝缘电阻。继续摇动发电机,手柄用绝缘工具取下连线,然后停止摇动发电机手柄,以防由于被测设备上的积聚电荷反馈放电而损坏仪表。

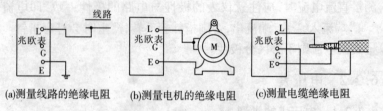

(a)测量线路的绝缘电阻   (b)测量电机的绝缘电阻   (c)测量电缆绝缘电阻

图6-12   兆欧表的使用

6.2.3.2   使用兆欧表时的注意事项

(1)应按设备的电压等级选择兆欧表。兆欧表的电压等级选择见表6-4。

表6-4   兆欧表的电压等级选择

兆欧表的电压等级(V)	被测设备或线路的额定电压(V)
250	<100
500	100~500
1 000	500~3 000
2 500	3 000~10 000
2 500 或 5 000	>10 000 以上

(2)测试前必须将被测线路或设备与电源断开,并将被测线路或设备放电,以保证人身和设备安全。

(3)测试时,当遇被测物短接,表针指零时,应立即停止摇动发电机手柄,以避免兆欧表因过流而烧坏。

(4)测量时,如遇天气潮湿测量电缆绝缘电阻,为避免电缆芯与外皮切口处表面漏电而影响测量效果,可在电缆绝缘物的表面上绕几匝导线接在屏蔽接线端"G"上。

(5)测量完毕,应将被测设备对地放电。

6.2.4 万用表

万用表也叫多用表,是一种多功能、多量程的便携式测量仪表。一般万用表可测量电阻、直流电流、直流电压、交流电压、音频电平等,有的还可以测交流电流、电容量、电感量及半导体的一些参数。

6.2.4.1 万用表的结构和型号

万用表是整流式仪表,由表头、转换开关、电阻、电池、二极管等元件组成。表头是量程为几微安到几百微安的磁电系电表。表头的表盘上有对应各种测量所需的标度尺,机械调零钮用来调整指针指零,电气调零钮是测量电阻时专用的调零钮,一般上面印有符号"Ω",转换开关用来选择测量不同电学量和不同量程,两支测试笔应分别插在标有"+"、"-"号的插孔上。

6.2.4.2 万用表的使用及注意事项

(1)熟悉仪表盘面上各个旋钮、转换开关的作用和各种符号所代表的意义。

(2)插好表笔。表盘上标有"-"的插孔,应插黑表笔,使用时黑表笔应与电路的负极性相接;标有"+"的插孔,应插红表笔,使用时应与电路的正极性相接。有的表还有其他插孔,如500型电表,测2 500 V直流电压时,红表笔应插在标有"2 500 V"的插孔中。

(3)检查指针是否指零。将表放平,如果指针不指零,应调整盘面上的机械零钮,使指针恢复零位。测量电阻时,应用电气调零旋钮调零。电气调零的方法是,将红、黑二表笔短接,指针若不在盘面电阻读数的"0"位上,则慢慢旋转电气调零旋钮,使指针指在"0"位上。如不能调零或调零时指针不动,应检查电池。

(4)根据被测电学量的种类和大小,把转换开关转到相应的挡位上,并在刻度盘上找出相对应的标度。

(5)进行测量时,将表笔接触到电路中相应的位置,待指针稳定后,即可读出所测的数值。

(6)使用万用表严防拨错挡位。转换开关拨到电流或电阻挡时,若测电压,会立即烧坏电表;若用低电压挡去测高电压,也会烧坏电表。

(7)选择量程时,应事先估计被测对象数值的大小。测量时,一般应使指针在满刻度的 1/2 以上。如事先无法估计出数值,可先用大量程测试,再根据测出数据,选用适当挡位进行测量。

(8)测量直流电压和电流时,若不知道电流的极性,应将转换开关拨到最大量程上,用两表笔快速触及被测电路,看指针的偏转方向,即可判断出电路的正负极性。如指针顺时针偏移,则红表笔接的是电路的正极,黑表笔接的是电路的负极;反之,则红表笔接的是负极,黑表笔接的是正极,测量时应交换表笔。

(9)测量高电压或大电流时,不准带电换挡,以免损坏电表;不要用手触及表笔金属部分,以防触电或影响测量的准确性。

(10)不准带电测电阻,不准测额定电流极小的电阻。测量电阻时,不得用手同时接触表笔的金属部分,以免影响测量的准确性。

(11)仪表用毕,要把转换开关拨到空挡或交流电压最高挡,以防下次测量时因没有注意选挡而烧坏电表;也可避免转换开关在电阻挡时,两笔相碰而消耗电表内部电池的电能。

6.2.4.3　数字型万用表

数字型万用表是近几年生产的新型万用表。它可以用来测量直流电压和电流、交流电压和电流、电阻等。

下面以 DT-890B 型万用电表为例介绍数字型万用表的使用方法和注意事项。

(1)直流(DC)和交流(AC)的电压测量。

将红色测试笔插入"V/Ω"插口中,黑色测试笔插入"COM"中;将功能量程选择开关置于 DCV(直流电压)或 ACV(交流电压)相应的位置上,如果被测电压超过所设定量程,显示器出现最高位是"1",此时应将量程改高一挡,直到得到合适的读数。当输入端开路时,显示器上可能有数字出现,尤其是 200 mV 和 2 V 挡上,这是正常的。但如将二测试笔相互短路,显示器应回到零。

（2）电阻测量。将红测试笔插入"V/Ω"插口中，黑色笔插入"COM"中；将功能量程选择开关置于OHM（欧姆）相应的位置上，将二测试笔跨接在被测电阻的两端，即可得到电阻值。当用200 MΩ量程进行测试时，在此量程，二测试笔短路时读数为1.0，这是正常的，此读数是一个固定的偏移值，正确的阻值是显示数减去1.0。

（3）直流（DC）和交流（AC）的电流测量。

将红色测试笔插入"A"插口（最大电流200 mA）或"20 A"插口（最大电流20 A，测量时间最长10 s），黑色测试笔插入"COM"中；将量程功能选择开关转到DCA（直流电流）或ACA（交流电流）的相应位置上，并将测试笔串入被测电路中，即可得到电流值。

（4）使用数字型万用电表应根据电表使用说明书使用。

（5）当测量电流没有读数时，请检查保险丝。

（6）在打开底壳更换保险丝前应先将测试笔脱离被测电路，以免触电，并更换相同规格的保险丝。

（7）当显示器出现"COBAT"或"←"时，表明电池电压不足，应更换电池。

（8）用完仪表后，一定要将电源关断。

6.2.5 钳表

6.2.5.1 概述

钳表也叫钳形电流表、携带式电流指示器，图6-13所示即为一种钳表。

钳表由电流互感器、钳形扳手和整流式磁电系仪表组成。钳表只要夹住电线外皮，可在不切断电路的状态下，检测电流。而万用表则需切断电路才能检测电流。

钳表有高压钳表和低压钳表之分。低压钳表除用来测量电流外，还可用于

图6-13 钳表

测量电压。

6.2.5.2　使用方法

（1）测量前要机械调零。

（2）选择合适的量程，先选大量程，后选小量程或看铭牌值估算。

（3）当使用最小量程测量，读数还不明显时，可将被测导线绕几匝，匝数要以钳口中央的匝数为准，则读数 = 指示值 × 量程/满偏 × 匝数。

（4）测量时，应使被测导线处在钳口的中央，并使钳口闭合紧密，以减小误差。

（5）测量完毕，要将转换开关放在最大量程处。

6.2.5.3　注意事项

（1）被测线路的电压要低于钳表的额定电压。

（2）测高压线路的电流时，要戴绝缘手套，穿绝缘鞋，站在绝缘垫上。

（3）钳口要闭合紧密不能带电换量程。

（4）不要在高温、高湿、易燃、易爆和强电磁场环境中存放或者使用本仪器。

（5）使用钳表时，应注意保持人体与带电体有足够的距离。对于高压，不得用手直接拿着钳表进行测量，必须佩戴安全用具，并接上相应等级的绝缘杆之后再进行测量。

（6）在潮湿和雷雨天气，禁止在户外用钳表进行测量。

第7章 安全用电管理

随着我国国民经济的快速发展和人民生活水平的不断提高,各行各业都离不开电,各类电气设备的应用日益广泛。为保障用电安全,安全用电管理工作就显得非常重要。

7.1 安全用电管理制度

7.1.1 概述

必要的规章制度,是保障安全用电的有效手段。安全操作规程、电气安装规程、运行管理和维修制度及其他相关规章制度都是安全用电所必须遵循的。

不同的电气工种,应建立不同的安全操作规程。例如变电室值班安全操作规程、内外线维护检修安全操作规程、电气设备维修安全操作规程、电气实验室安全操作规程及非专职电工人员的手持电动工具安全操作规程、电焊安全操作规程等。

对于其他非电气工种的安全操作规程,也不能忽视电气方面的内容。

根据环境特点,应建立相适应的电气设备运行管理规程和电气设备安装规程,以保证电气设备始终处于良好的、安全的工作状态下。

对于某些电气设备,应建立专人管理的责任制。对于开关设备、临时线路、临时设备等比较容易发生事故的设备,都应有专人管理的责任制。特别是临时线路和临时设备,最好能结合现场情况,明确规定安装要求、长度限制、使用期限等内容。

生产及施工中应执行有关的国家和电力主管部门所制定的标

准、规范、规程,并以上述标准、规范、规程为依据,结合本单位实际情况,制定和建立本单位的具体规定与实施细则。

电气工程的设计、施工和验收都必须符合国家标准。国内尚未建立标准的,可参照国际上的通用标准。我国电工标准与国际电工委员会(IEC)的标准是比较接近的。

按照维护检修规程做好电气设备的维护检修工作是保持电气设备正常运行的重要环节,可有效地消除隐患、防止设备损害事故和人身伤害事故的发生。

7.1.2　电气安全检查

电气设备长期带缺陷运行、电气工作人员违规操作是发生电气事故的重要原因。为了及时发现并排除隐患,应建立并严格执行一套完善的、科学的电气安全检查制度。电气安全检查内容包括:

(1)安全规程、制度是否健全。

(2)电气设备绝缘有无破损。

(3)绝缘电阻是否合格。

(4)设备裸露带电部分是否有防护。

(5)安全间距是否足够。

(6)保护接零或保护接地是否正确、可靠。

(7)保护装置是否符合要求。

(8)手提灯和局部照明灯电压是否是安全电压或采取了其他安全措施。

(9)安全用具和电气灭火器材是否齐全。

(10)电气设备安装是否合格。

(11)安装位置是否合理。

(12)电气连接部位是否完好。

(13)电气设备或电气线路是否过热。

(14)屏护装置是否符合安全要求。

对变压器等重要电气设备要坚持巡视,并做必要的记录。

对于使用中的电气设备,应定期测定绝缘电阻;对于各种接地装置,应定期测定接地电阻;对于安全用具、避雷器、变压器油及其他一些保护电器,也应定期检查、测定或进行耐压试验。

7.1.3　安全教育

为了确保电气设备安全、经济、合理的运行,必须加强电工及相关作业人员的管理、培训和考核工作,提高电气工作人员及相关作业人员的电气作业技术水平和电气安全管理水平。

安全教育可使工作人员充分认识安全用电的重要性,掌握电的基本知识,从而安全、有效地进行工作。具体内容如下:

(1)对使用电气设备的一般人员,除要懂得安全用电的一般知识外,还应懂得有关的安全使用事项或安全操作规程。

(2)对于独立工作的电气工作人员,应懂得电气装置在安装、使用、维护和检修过程中的安全要求,熟悉电气安全操作规程,学会电气灭火的方法,掌握触电急救的技能,并按国家法律和标准规定参加培训考核,取得特种作业资格证书。

(3)新参加电气工作的人员、实习人员和临时参加劳动的人员,必须经过安全知识教育后,方可到现场参加指定的工作,但不得单独工作。

要坚持进行经常的、多样化的、群众性的安全教育工作,如采用广播、电视、标语、培训班、现场会等方式进行宣传教育;要经常开展交流活动,推广各单位先进的安全组织措施和安全技术措施,促进电气安全工作的普及与发展。

7.1.4　安全资料

安全资料是做好安全工作的重要依据,应注意整理、保存。安全资料包括:

(1)高低压系统图、低压平面布线图、架空线路图、电缆线路图等图纸资料。

（2）电气设备检修和试验记录。

（3）设备事故和人身事故记录。

（4）对重要设备应单独建立资料。

（5）收集到的国内外电气安全信息。

7.2 用电安全管理组织措施

发生电气事故的原因很多。有的是因为电气设备或电气线路的选用、质量或安装不符合要求，有的是因为电气设备运行管理不当而使绝缘损坏，有的是因为违章操作或错误操作，有的是因为缺少切实有效的安全技术措施或安全技术措施运用不正确，有的是因为现场混乱，还有的是因为制度不严等。总的来说，电气事故是由不安全行为或不安全状态造成的，究其共同原因，是安全组织措施不健全和安全技术措施不完善。

电气安全工作是一项综合性工作，有工程技术的一面，也有组织管理的一面。用电安全管理措施包括组织措施和技术措施两个方面。组织措施与技术措施紧密相联、相辅相成，是做好安全工作的两个方面。没有严格的组织措施，技术措施得不到可靠的保证；没有完善的技术措施，组织措施只是不能解决实际问题的空洞条文。因此，必须重视电气安全综合措施，做好电气安全管理工作。本节主要介绍用电安全组织措施。

保证用电安全的组织措施主要有工作票制度，工作许可制度，工作监护制度，工作间断、转移及终结制度等。

7.2.1 工作票制度

工作票是准许在电气设备和线路上工作的书面命令，也是执行安全技术措施的书面依据。

在停电检修或带电作业时，为了保证工作顺利、安全地进行，均应建立工作票制度。工作票的内容和项目，可以按不同的工作任务、设备条件、管理机构，制定适合本行业的工作票格式。

7.2.1.1　工作票的内容

工作票的填写内容，必须符合部颁安全工作规程的规定。

工作票内容通常包含工作票编号、工作负责人、工作班成员、工作地点、工作内容、计划工作时间、工作终结时间、停电范围、安全措施、工作许可人、工作票签发人、工作票审批人、送电后评语等。

停电检修的工作票包括工作地点和工作内容，工作开始时间和预定结束时间，停电范围和必须断开的开关名称及编号，必须采取的安全措施，工作负责人和工作人员姓名，工作票签发人姓名，变电所值班人员按工作票要求停电后的签名。工作全部结束后，工作负责人签注"可以送电"，然后交变配电室值班人员；变配电室值班人员送电后，签注"已送电"。

带电工作的工作票包含工作地点和工作内容，工作开始时间和预定结束时间，必须采取的安全措施，工作负责人、监护人和工作人员姓名，工作票签发人的姓名。

7.2.1.2　工作票的填写

工作票由发布工作命令的人员用钢笔或圆珠笔填写，一式两份。填写要求字迹工整、清楚、正确，不得任意修改。如有个别错字、漏字，需要修改时，必须保持清晰并在该处盖章。一张工作票修改不得超过 3 个字。

工作票要统一编号，按顺序使用。

一个工作班在同一时间内，只能布置一项工作任务，发给一张工作票。工作范围以一个电气连接部分为限。电气连接部分是指直接向汇流母线，并安装在某一配电装置室、开关场地、变压器室范围内，连接在同一电气回路中设备的总称，包括断路器、隔离开关、电压互感器和电流互感器等。当几项任务需要交给同一工作班执行时，为防止将工作的时间、地点和安全措施搞错而造成事故，只能先布置其中的一个任务，即发给工作负责人一张工作票，待任务完成将工作票收回后，再布置第二个任务，发放第二张工作票。

值班人员接到工作票后,要审查工作票上所提出的安全措施是否完备。发现有错误或有疑问时,应向签发人提出。施工负责人在接受工作任务后,应组织有关人员研究所提出的任务和安全措施,并按照任务要求在开工前做好必要的准备工作。

7.2.1.3　工作票的签发

工作票签发人应由熟悉情况和有经验的电气负责人、生产领导人或有经验的技术负责人担任,并对工作人员的安全负责。工作票中须注明应断开的开关编号、名称和应装设临时接地线的部位以及应采取的安全措施。

工作负责人应在工作票上写明工作内容、工作时间,并且始终在工地现场负责。

工作许可人应按工作票停电,并做好安全措施。工作许可人应向工作负责人交代并检查停电范围、做好安全措施、指明带电部分、移交工作现场,双方签名后方可工作。

工作完毕后,工作人员应清扫现场、清点工作,工作负责人应清点人数,然后带领全部工作人员撤出现场。双方签名后,将工作票交工作许可人。值班人员需要仔细检查现场后,方可送电。

签发工作票时应重点检查的内容:

(1)工作的必要性。

(2)工作是否安全。

(3)工作票上所填写的安全措施是否正确。

(4)工作票所列停电范围是否正确,有无其他电源返回的可能。

(5)所指派的工作负责人和工作人员的技术水平能否满足工作需要,能否在规定的停电时间内完成工作任务。

(6)所准备的工具材料及安全用具是否齐全。

7.2.1.4　工作票的执行

(1)作业前,工作负责人向工作班组宣读工作票,详细交代工作任务、安全措施及注意事项等。

(2)工作负责人在作业过程中要始终在现场,必须做到不间断的监护督促全班人员认真执行工作票上的各项安全措施,保证作业安全。

(3)凡临近带电设备作业时,严格按规定签发工作票,并有熟悉电气设备的人员在现场进行监护。

(4)凡在检修中动过的设备在检修完工后,检修人员必须恢复原来状态并主动向值班人员详细汇报,在送电前由运行人员详细检查。

(5)执行变电第一种工作票,当工作全部完毕,人员撤离工作地点,经工作负责人和工作许可人双方到现场交代、验收,并在工作票上签字后即为工作终结;工作负责人可以带领全班人员撤离工作现场。地线拆除必须认真填写在工作票中,必要时,当时不能拆除的接地线要注明原因。

7.2.2 工作许可制度

工作许可制度是工作许可人审查工作票中所列各项安全措施后决定是否许可工作的制度,目的是加强工作责任感,确保万无一失,保证工作的顺利进行。

工作许可制度由工作许可人根据工作票的内容在做好设备停电安全技术措施后,向工作负责人发出工作许可的命令,工作负责人接到工作许可的命令后方可开始工作。在检修工作中,工作间断、转移以及工作终结,必须有工作许可人的许可。所有这些组织程序规定都叫工作许可制度。

履行工作许可手续的具体内容和注意事项如下:

(1)工作许可人应认真审查工作票所列安全措施是否正确、完备,是否符合现场条件,并应完成施工现场的安全措施。

(2)工作许可人须会同工作负责人检查停电范围内所做的安全措施,指明邻近的带电部位,并对工作地点以手背触试停电设备,保证检修设备确无电压。

(3)工作许可人应对工作负责人说明注意事项,并和工作负责人在工作票上分别签字,发放工作票。

(4)工作负责人和工作许可人均不得擅自变更安全措施及工作项目。若需增设安全措施或变更工作项目,必须重新填写工作票,并重新履行工作许可手续。

(5)工作许可人不能改变检修设备的运行接线方式,如需改变,应事先征得工作负责人的同意。

(6)线路停电检修时,工作许可人必须将线路可能受电的各方面的电源断开,做好安全措施。

(7)工作许可人对工作票有任何疑问,即使是很小的疑问,也必须向工作票签发人询问清楚,必要时应要求作详细补充。

(8)完成工作许可手续后,工作人员方可开始工作。

7.2.3 工作监护制度

工作监护制度是指检修工作负责人在带领工作人员到达施工现场、布置好工作后进行的安全监护制度。

工作监护制度是保证人身安全及操作正确的主要措施。执行工作监护制度的目的是使工作人员在工作过程中始终有人监护、指导,以防有人误触带电设备而发生触电事故,及时纠正一切不安全的行为和错误的做法。特别是在靠近有电部位及工作转移时,工作监护制度显得尤为重要。

履行工作监护制度的具体内容和注意事项如下:

(1)监护人应熟悉现场的情况,应有电气工作的实际经验,安全技术等级应高于操作人。

(2)完成工作许可手续后,工作负责人(监护人)应向工作人员交代现场安全措施、带电部位和注意事项,工作过程中工作负责人必须全程监护。

(3)所有工作人员(包括工作负责人)不允许单独留在高压室内和室外变电所高压设备区内。如工作需要(如测量、试验等)且现场允许时,可准许有经验的一人或几人同时进行工作,但工作负责人必须在事前将有关安全注意事项给予详尽的指示。

（4）带电或部分停电作业时，应监护所有工作人员的活动范围，使其与带电部分保持安全距离，并监护工作人员使用的工具是否正确、工作位置是否安全、操作方法是否正确等。

（5）监护人在执行监护时，不得兼做其他工作。但在下列情况下，监护人可参加工作班工作：①在全部停电时；②在变、配电所内部分停电，且安全措施可靠、人员集中在一个地点，总人数不超过三人时；③所有室内、外带电部分均有可靠的安全遮栏足以防止触电的可能，不致误碰导电部分时。

（6）工作负责人或工作票签发人，应根据现场的安全条件、施工范围、工作需要等具体情况增设专人监护和批准被监护的人数。

（7）若工作地点比较分散、有几个工作小组同时进行工作，工作负责人必须指定工作小组监护人；若工作复杂、安全条件较差，还应增设专人监护。专职监护人不得兼做其他工作。

（8）工作期间，当工作负责人必须离开工作点时，应指定能胜任的人员作为临时监护人，并详细交代现场工作情况，同时通知工作人员；返回时，也应履行同样的交接手续。如工作负责人需要长时间离开工作点，应由原工作票签发人变更新的工作负责人，两工作负责人应做好必要的交接。

（9）值班员如发现工作人员违反安全规程或任何危及工作人员安全的情况，应向工作负责人提出改正意见，必要时可暂时停止工作，并立即报告上级。

7.2.4　工作间断、转移和终结制度

7.2.4.1　工作间断制度

工作间断制度是指在工作间断时所规定的一些制度。

工作间断时，工作班人员应从现场撤出，所有安全措施保持原状不动。

当天的工作间断之后又继续工作时，无须再经许可，工作票由工

作负责人执存;隔天的工作间断,应将工作票交回值班人员。再次复工前应得到值班人员许可,取回工作票,工作负责人重新检查安全措施后,才能继续工作。

工作间断期间,若需要紧急送电,可将工作班全体人员已经离开工作地点的确切情况通知工作负责人,在得到明确可以送电的答复后方可执行,并应采取下列措施:

（1）拆除临时遮栏、接地线和标示牌,恢复常设遮栏。

（2）所有通路必须有专人守候,以告诉工作班人员"设备已经合闸送电,不得继续工作"。守候人员在工作票收回以前,不得离开守候地点。

7.2.4.2　工作转移制度

修好一台设备后转移到另一台设备上工作时,应重新检查安全技术措施有无变动或重新履行工作许可手续,为此制定的一些规定,叫工作转移制度。

在同一电气连接部分用同一张工作票依次在几个工作地点转移工作时,全部安全措施应由值班员在开工前一次做完,不需要再办理转移手续。但工作负责人每转移一个工作地点时,必须向工作人员交代带电范围、安全措施和注意事项。

7.2.4.3　工作终结制度

工作终结制度是指检修工作完毕,工作负责人督促全体工作人员撤离现场,检查有无工具材料遗留在检修设备上,检修人员采取的临时安全技术措施如接地线等应自行拆除,然后由工作负责人与工作许可人办理工作终结手续,至此工作票终结。

在办理工作票终结手续以前,值班员不得在施工设备上进行操作和合闸送电。全部工作完成后,工作人员应清扫并整理现场。工作负责人进行周密检查,待全体工作人员撤离工作地点后,再向值班人员讲清所修项目、发现的问题、试验结果和存在的问题等,并与值班人员共同检查设备状况,有无遗留物件,是否清洁等,然后在工作票上填明工作终结时间。经双方签名后,工作票方告终结。

只有在同一停电系统的所有工作票结束,拆除所有临时接地线、临时遮栏和标示牌,恢复常设遮栏,并得到值班调度员或值班负责人的许可后,方可合闸送电。

已结束的工作票应加盖"已执行"印章,并妥善保存 3 个月,以便于检查。

7.3 用电安全技术措施

在全部停电或部分停电的电气设备上工作,必须有下列安全技术措施:停电、验电、接地、悬挂标示牌和装设遮栏。这些措施由运行人员或有权执行操作的人员执行。

7.3.1 停电

7.3.1.1 工作地点必须停电的设备

(1)施工、检修与试验的设备。

(2)与工作人员在工作中正常活动范围的距离小于表 7-1 规定的设备。

表 7-1 工作人员工作中正常活动范围与带电设备的安全距离

电压等级(kV)	安全距离(m)	电压等级(kV)	安全距离(m)
≤10	0.35	154	2.00
20~35	0.60	220	3.00
44	0.90	330	4.00
60~110	1.50	500	5.00

(3)在 35 kV 及以下设备处进行工作,安全距离虽大于表 7-1 中的规定,但小于表 7-2 中的规定,同时又无绝缘挡板、安全遮栏措施的设备。

表 7-2　设备不停电时的安全距离

电压等级(kV)	安全距离(m)	电压等级(kV)	安全距离(m)
≤10	0.70	154	2.00
20~35	1.00	220	3.00
44	1.20	330	4.00
60~110	1.50	500	5.00

(4)带电部分在工作人员后面、两侧、上下,且无可靠安全措施的设备。

(5)在停电检修线路的工作中,如与另一带电线路交叉或接近,安全距离小于1.0 m(10 kV及以下)时,则另一带电回路应停电。

(6)两台配电变压器低压侧共用一个接地体时,其中一台配电变压器低压出线停电检修,另一台配电变压器也必须停电。

(7)其他需要停电的设备。

7.3.1.2　停电注意事项

(1)将检修设备停电,必须把各方面的电源完全断开(任何运行中的星形接线设备的中性点,必须视为带电设备)。

(2)拉开电闸,使各方面至少有一个明显的断开点(如隔离开关等)。

(3)与停电设备有关的变压器和电压互感器,必须从高、低压两侧断开,以防向停电设备倒送电。

(4)对于柱上变压器等,应将高压熔断器的熔丝管取下。

(5)停电操作时,必须先停负荷,后拉开关,最后拉开隔离开关。严防带负荷拉隔离开关。

(6)禁止在只经开关断开的设备上工作,必须断开开关和刀闸的操作电源,刀闸操作把手也要锁住,方可进行工作。

(7)对难以做到与电源完全断开的设备,可以拆除设备与电源之间的电气连接。

7.3.2 验电

验电时应注意以下事项：

（1）验电时，必须使用电压等级合适、经试验合格、试验期限有效的接触式验电器，在装设接地线或合接地刀闸处对各相分别验电。

（2）验电前，应先将验电器在有电的设备上进行试验，以确保验电器良好。无法在有电设备上进行试验时，可用高压发生器试验，以确保验电器良好。

（3）验电工作，应在施工或检修设备的进出线两侧的各相进行验电。

（4）如果在木杆、木梯或木质构架上验电，不加接地线便不能指示者，可在验电器绝缘杆尾部接上接地线，但应经运行值班负责人或工作负责人许可。

（5）高压验电必须带绝缘手套。验电器的伸缩式绝缘杆长度必须拉足，验电时手必须握在手柄处且不得超过护环，人体必须与验电设备保持安全距离。雨雪天气时不得进行室外直接验电。

（6）验电时应使用相应电压等级专用验电器。对于 330 kV 及以上的电气设备，在没有相应电压等级的专用验电器的情况下，可以使用绝缘杆验电，根据绝缘杆端部有无火花和放电噼啪声响来判断有无电压。对于 500 V 及以下设备，可以使用低压试电笔或白炽灯检验有无电压。

（7）联络用的开关或隔离开关检修时，应在开关两侧验电。

（8）同杆塔架设的多层电力线路进行验电时，先验低压，后验高压；先验下层，后验上层。

（9）对无法进行直接验电的设备，可以进行间接验电，即检查隔离开关（刀闸）的机械指示位置、电气指示、仪表及带电显示装置指示的变化，且至少有两个及以上指示已同时发生对应变化；若进行遥控操作，则必须同时检查隔离开关的状态指示、遥测、遥信信号及带电显示装置的指示进行间接验电。

（10）表示设备断开的常识信号或标志，表示允许进入间隔的闭锁装置信号，以及接入的电压表指示无压和其他无压信号指示，只能作为参考，不能作为设备无电的根据。但如果指示有电，则禁止在该设备上工作。

7.3.3 接地

接地应注意以下事项：

（1）装设接地线应由两人进行（经批准可以单人装设接地线的项目及运行人员除外）。

（2）当验明设备确已无电压后，应立即将检修设备接地并三相短路。这是保护工作人员、防止突然来电的可靠安全措施，同时设备断开部分的剩余电荷也可因接地而释放。

（3）电缆及电容器接地前应逐相充分放电，星形接线电容器的中性点应接地，串联电容器及与整组电容器脱离的电容器应逐个放电，装在绝缘支架上的电容器外壳也应放电。

（4）对于可能送电至停电设备的各方面及停电设备可能产生感应电压的都要装设接地线或合上接地刀闸，所装接地线与带电部分应考虑接地线摆动时仍符合安全距离的规定。

（5）对于因平行或邻近带电设备导致检修设备可能产生感应电压时，必须加装接地线或工作人员使用个人保安线，加装的接地线应登录在工作票上，个人保安接地线由工作人员自装自拆。

（6）检修母线时，应根据母线的长短和有无感应电压等实际情况确定接地线数量，检修 10 m 以上的母线时应装设两组接地线。

（7）检修部分如果分为几个在电气上不相连接的部分，如分段母线以隔离开关或断路器隔开分成几段，则各段应分别验电后，进行接地。

（8）降压变电站全部停电时，应将各个可能来电侧的部分接地短路，其余部分不必每段都装设接地线或合上接地刀闸。

（9）接地线、接地刀闸与检修设备之间不得连有断路器或熔断器。若由于设备原因,接地刀闸与检修设备之间连有断路器,在接地刀闸和断路器合上后,必须有保证断路器不会分闸的措施。

(10)在配电装置上,接地线应装在该装置导电部分的规定地点,这些地点的油漆必须刮去,并画有黑色标记。所有配电装置的适当地点,均应设有与接地网相连的接地端,接地电阻必须合格。接地线应采用三相短路式接地线,若使用分相式接地线时,应设置三相合一的接地端。

(11)装设接地线必须先接接地端,后接导体端,接地线必须保证接触良好、连接可靠。拆除接地线的顺序与之相反。装、拆接地线均应使用绝缘杆和带绝缘手套。人体不得触碰接地线或未接地的导线,以防止感应电触电。

(12)接地线应用有透明护套的多股软铜线组成,其截面应符合短路电流的要求,但不得小于25 mm²。禁止使用其他导线作接地线或短路线。

(13)严禁工作人员擅自移动或拆除接地线。高压回路上的工作,需要拆除全部或一部分接地线后才能进行工作者(如测量母线和电缆的绝缘电阻,测量线路参数,检查断路器触头是否同时接触等工作),必须征得运行人员的许可,方可进行如下某项操作:①拆除一相接地线;②拆除接地线,保留短路线;③将接地线全部拆除或拉开接地刀闸。工作完毕后应立即恢复。

(14)每组接地线均应编号,并存放在固定地点。存放位置亦应编号,接地线号码与存放位置编号应一致。

(15)装、拆接地线,应做好记录,交接班时应交代清楚。

7.3.4 悬挂标示牌和装设遮栏(围栏)

悬挂标示牌和装设遮栏(围栏)时应注意以下事项:

(1)在一经合闸即可送电到工作地点的断路器(开关)和隔离开关(刀闸)的操作把手上,均应悬挂"禁止合闸,有人工作!"的标示牌。

（2）如果线路上有人工作，应在线路断路器（开关）和隔离开关（刀闸）的操作把手上悬挂"禁止合闸，线路有人工作!"的标示牌。

（3）对由于设备原因，接地刀闸与检修设备之间连有断路器（开关），在接地刀闸和断路器（开关）合上后，在断路器（开关）操作把手上，应悬挂"禁止分闸!"的标示牌。

（4）在室内高压设备上工作，应在工作地点两旁及对面运行设备间隔的遮栏（围栏）上和禁止通行的过道遮栏（围栏）上悬挂"止步，高压危险!"的标示牌。

（5）高压开关柜内手车开关拉出后，隔离带电部位的挡板封闭后禁止开启，并设置"止步，高压危险!"的标示牌。

（6）在室外高压设备上工作，应在工作地点四周装设围栏。围栏出入口要围至邻近道路旁边，并设有"从此进出!"的标示牌。工作地点四周围栏上悬挂适当数量的"止步，高压危险!"标示牌，标示牌必须朝向围栏外面。若室外配电装置的大部分设备停电，只有个别地点保留有带电设备而其他设备无触及带电导体的可能时，可以在带电设备四周装设全封闭围栏，围栏上悬挂适当数量的"止步，高压危险!"标示牌，标示牌必须朝向围栏外面。

（7）严禁越过围栏。

（8）在工作地点应设置"在此工作!"的标示牌。

（9）在室外构架上工作，应在工作地点邻近带电部分的横梁上，悬挂"止步，高压危险!"的标示牌；在工作人员上下铁架或梯子上，应悬挂"从此上下!"的标示牌；在邻近其他可能误登的带电架构上，应悬挂"禁止攀登，高压危险!"的标示牌。

（10）标示牌的悬挂和拆除应按供电部门的调度员或电气设备主管的工作命令执行。严禁工作人员在工作中移动或拆除遮栏和标示牌。

7.4　施工现场管理与落实

因为用电管理不严格,施工现场出现触电死亡的事故时有发生。调查结果显示,全国施工现场,由于触电导致死亡的事故占全部事故的 8% 左右,因此施工现场的用电管理至关重要。

加强施工现场的用电管理,应该健全并落实现场用电岗位责任制,增强施工现场用电设备管理水平,提高工作人员的自我保护意识,配备必要的防触电保护用品。

7.4.1　施工现场用电的管理要求

施工现场用电的管理要求如下:

(1)施工现场施工用电应明确专人管理,电气技术人员负责施工现场用电方案(措施)的编制工作,工程施工管理部门负责用电申请及组织施工电源的设置等工作。

(2)安全监督部门人员负责现场施工用电的安全检查和监督。

(3)电气维护或维修人员应持地方主管部门颁发的特殊工种操作证上岗,坚持日常巡检,及时维修临时用电设施,确保完好,并做好记录。

(4)作业人员必须掌握安全用电基本知识和所用设备的性能。

(5)送电前必须检查电气设施、负荷线路及保护设施是否完好,严禁"带病"操作。

(6)设备使用完毕或停电时,必须拉闸断电,搬迁、移动用电设备必须在断电情况下进行。

(7)用电设备应设专人管理,负责所属用电设备及线路的使用和保养工作。

7.4.2 现场用电管理岗位责任制的落实

7.4.2.1 项目经理

（1）对本项目部全体人员安全用电负直接领导责任，保证临时用电工程符合国家规范。

（2）配备满足施工需要的合格电工，提出项目用电的一般及特殊要求。

（3）负责提供给电工、电焊工及用电人员必需的基本安全用具及电气装置的检查工具。

（4）指定专人定期试验漏电保护装置，指定专人负责生活照明用电，指定专人监控用电设备。

（5）参与对电工及用电人员的教育、交底工作。

7.4.2.2 电工

（1）根据施工现场的用电实际情况，全面负责施工中用电操作及日常维护工作。

（2）认真贯彻执行有关施工现场临时用电安全规范、标准、规程及制度，保证临时用电工程处于良好状态。对安全用电负直接操作和监护责任。

（3）负责日常现场临时用电的安全检查、巡视与检测，在下过雨后必须认真检测，发现异常情况及时采取有效措施，谨防事故发生。

（4）负责维护保养现场电气设备、设施；在雨雪天气施工时必须仔细检查各用电设施及负载线路、漏电保护装置；因天气原因须停工时，必须坚持"安全第一"的基本原则。

（5）负责对现场用电人员进行安全用电操作的安全技术交底，做好用电人员在特殊场所作业的监护工作。

（6）积极宣传电气安全知识，维护安全生产秩序，有权制止任何违章指挥或违章作业。

7.4.2.3 用电人员

（1）掌握安全用电基本知识和所用电气设备的性能，对施工中用电负有直接安全操作责任。

（2）使用设备前必须按规定穿戴和配备好相应的劳动保护用品。

（3）在工作前应检查电气装置和保护设施是否完好,确保设备不"带病"作业。

（4）下班后应将设备拉闸断电,锁好开关箱。

（5）对电气设备的负载线、保护零线和开关箱,应妥善保护,发现问题及时报告。

（6）搬迁或移动用电设备,必须切断电源并作妥善处理后进行。

（7）经常汇报电气系统的运行情况,发现问题及时报告解决。

7.4.3　电气维修制度的落实

（1）电气维修工作必须严格执行电气安全操作规程,必须停电作业。

（2）严禁私自维修不了解内部原理的设备及装置;不准私自维修厂家禁修的安全保护装置;不准私自超越指定范围进行维修作业;不准私自从事超越自身技术水平且无指导人员在场的电气维修作业。

（3）不准在本单位不能控制的线路及设备上作业。

（4）不准酒后或有过激行为之后进行维修作业。

（5）对施工现场所属的各类电动机,每半年必须清扫或检修一次;对电焊机、对焊机,每季度必须清扫或检修一次;一般的开关、漏电保护装置必须每月检修一次。

7.4.4　工作监护制度的落实

（1）在带电设备附近工作时必须设专人监护。

（2）在狭窄及潮湿场所从事用电作业时必须设专人监护。

（3）登高用电作业时必须设专人监护。

（4）监护人员应时刻注意工作人员的活动范围,督促工作人员正确使用工具,并与带电设备保持安全距离,发现违反电气安全规程的做法应及时纠正。

(5)监护人员的安全知识及操作技术水平不得低于操作人。

(6)监护人员在执行监护工作时,应根据被监护工作情况携带或使用基本安全用具或辅助安全用具,不得兼做其他工作。

7.4.5　安全检查、检测制度的落实

(1)项目部用电安全检查每月不得少于三次;电工每天必须检查一次;每次用电安全检查必须认真记录;对检查出来的隐患,必须及时由检查人书面提出,并立即制订整改方案进行整改,不得留有事故隐患。

(2)各级检查人员要以国家的行业标准及法规为依据,不得凭空捏造或以个人好恶为尺度进行检查,检查工作必须严肃认真。

(3)用电安全检查的重点:用电标识、警示是否齐全;电气设备的绝缘层有无破损;线路的敷设是否合格;绝缘电阻是否合格;设备裸露的带电部分是否有防护;保护接零或接地是否可靠;接地电阻值是否在规定范围内;电气设备安装是否正确、合格;配电系统设计布局是否合理,安全间距是否符合规定;各类保护装置是否灵敏可靠、齐全有效;各种组织措施、技术措施是否健全;电工及各类用电人员的操作行为是否规范;有无违章指挥;各类技术资料是否齐全等。

(4)测试工作接地必须每月进行一次,测试保护接地、重复接地必须每周进行一次。

(5)更换或大修一次电气设备,必须测试一次绝缘电阻值;测试接地电阻工作时必须切断电源,断开设备接地端;操作时不得少于两人,严禁在雷雨或降雨后测试。

(6)对各类漏电保护装置,必须每周进行一次主要参数检测,不合格的立即更换。

(7)对电气设备及线路的绝缘电阻检测,每月必须进行一次;摇测绝缘电阻值,必须使用与被测设备、设施绝缘等级相适应的(按安

全规程执行)绝缘摇表。

(8)检测绝缘电阻前必须切断电源,至少两人操作;严禁在雷雨时摇测大型设备和线路的绝缘电阻值;检测大型感性和容性设备前,必须按规定方法放电。

7.4.6 电工及用电人员操作制度的落实

(1)严禁使用或安装木质配电箱、开关箱、移动箱,电动施工机械必须实行一闸一机一漏一箱一锁。

(2)严禁以取下(给上)熔断器方式对线路停(送)电,严禁维修时送电,严禁以三相电源插头(或闸刀开关)代替负荷开关启动(停止)电动机运行,严禁使用 220 V 电压行灯。

(3)严禁频繁按动漏电保护器和私自拆装漏电保护器。

(4)严禁电气设备长时间超额定负荷运行。

(5)配电系统中用电设备必须做保护接地,不准再使用保护接零。

(6)严禁在线路上使用熔断器。

(7)严禁在单一线路上直接挂接负荷线等其他荷载。

7.5 施工现场安全技术规定

7.5.1 线路方面的安全技术规定

(1)施工现场用电线路应采用绝缘良好的软导线或电缆,不得有破皮、老化、漏电、绝缘裂纹等现象。

(2)低压架空线路必须采用绝缘导线,架空高度不得低于 2.5 m,架空线穿越主要道路时,与路面中心的垂直高度不得低于 6 m。

(3)装电缆在室外直接埋地敷设的深度应不少于 0.7 m,并在电缆上下各均匀铺设不少于 50 mm 厚的细沙,然后覆盖砖等硬质保护层。

（4）电缆接头应设在接线盒内，接线盒应能防水、防损伤，远离易燃、易爆、易腐蚀场所，并有醒目警告牌。

（5）电源线路不得拖拉在地面上或接近热源，严禁将电线直接挂在树、金属设备、铁杆和钢制脚手架上，严禁用金属丝绑扎电缆（线）。电线通过马路及易损坏处应加钢套管保护。

（6）电线、电缆、软线、电焊把线不得与钢丝绳绞在一起，电焊把线应绝缘良好，接头应套护套胶管，用于焊机的一次线长度一般不应超过5 m。

（7）严禁将电线直接插入插座或将芯线挂在电源开关上。

（8）电动机械和电气照明设备被拆除后，不得留有带电部分线路，如必须保留，应在切断电源后，将电线端头内包高压绝缘带，外包3层绝缘包布，并将它固定在2.5 m以上的地方。

7.5.2 配电方面的安全技术规定

（1）根据施工现场电源的具体设置情况（通常称为"专变"），施工现场用电采用三相五线制（TN－S系统）。否则，如果现场没有专供施工用电的中性点直接接地的变压器（通常称为使用"公变"的工地），应视具体情况而定。

（2）遇到施工现场无"专变"的情况，首先应确定该电源系统其他用户采用何种保护方式，如其他用户均采用三相五线制TN－S系统，则施工现场也应采用三相五线制TN－S系统；反之，采用TT系统的保护方式较为妥当。

（3）施工现场用电设备的电机接线方式若是"△"接法，这些用电设备除3根相线外，再在设备的金属外壳设专用保护以保护零线，这符合TN－S系统原理。

（4）在动力与照明合一的配电箱、开关箱和极少数采用"Y"接线方式的电机上，要用五芯缆线进行配送电。

（5）如果动力与照明分别设配电箱或分路装置（这也是规范所要求的），除总配电箱电源侧的导线必须采用五芯电缆外，施工现场使用四芯电缆足以满足 TN－S 系统的要求。

7.5.3　电箱和开关箱的安全技术规定

（1）配电箱和开关箱应装设在干燥、通风及常温场所,安装要牢固,有门有锁并设警告牌,便于操作和维修;设置地点应平坦,并高出地面,附件不得堆放杂物。

（2）箱内无杂物,保持清洁。

（3）箱内的开关电器(包括插座)应牢固、完好,箱内所有连接线及外引线接头应牢固,外露带电部分不得超过 10 mm。

（4）箱内的工作零线应通过接线端子板连接,并应与保护零线接线端子板分设。

（5）配电箱和开关箱的金属箱体、金属底座应作保护接零(接地),保护零线应通过接线端子板连接。

7.5.4　保护方面的安全技术规定

（1）室外变压器台式安装,变压器平台应高出地面 0.5 m,四周围栏高度不小于 1.5 m,围栏与变压器外廓距离不小于 1 m,高压熔断器不宜低于 4.5 m,水平距离不应小于 0.5 m。

（2）施工现场变压器中性点直接接地系统中,配电箱、电气设备等应采用保护接零,保护零线应单独敷设,超过 50 m 者及配电箱处应作重复接地,接地电阻不得大于 10 Ω。

（3）用电的铁房子、钢平台、金属构架应有合格的保护接地,接地电阻不得大于 10 Ω。

（4）与电气设备相连接的保护零线应为不小于 25 mm^2 的绝缘多股铜线,连接应牢固可靠。

（5）由同一台变压器供电系统中,不允许一部分设备采用保护接地,而另一部分设备采用保护接零。

（6）电焊机二次回路与工件的连接端和工件不得同时接地或接零。

（7）起重机械的电气设备应符合《起重机械安全规程》（GB 6067—1985）中的要求，门式、塔式机的轨道应设两组接地装置，如轨道长度超过30 m，应每隔20 m增设一组接地装置。

（8）手持式电动工具的插座上应具备专用的保护接零（接地）触头。

（9）施工现场所用用电设备，必须在设备负荷线的首端处设置漏电保护器，禁用闸刀开关，漏电保护器配备应符合要求并定期测试。

（10）总（分）配电箱应装设总开关和分路开关以及总熔断器和开路熔断器或自动开关和分路自动开关，总开关电器与分路开关电路的额定值、动作整定值应搭配适当，熔断器熔体更换时，严禁用不符合原规格的熔体代用。

（11）每台电气设备应使用单独开关（一机一闸保护），严禁用同一个开关直接控制2台及2台以上电气设备。

（12）施工现场设备应群体设棚，单机设盖，应能防雨、防雪、防潮、防火。

7.5.5　漏电保护方面的安全技术规定

（1）施工现场用电网络防护应采用三级漏电保护网络。第一级应将漏电保护器设置在总配电柜上，一般锁定漏电动作电流在0.3～1 A，延时时间在0.4～2 s的延时漏电保护器。第二级应将漏电保护器设置在分支线上的配电箱中，额定漏电动作电流为0.1～0.2 A，延时时间为0.2～0.45 s。第三级应将漏电保护器设置在线路末端用电设备的开关箱中，对容量为20 kVA以内的三相动力设备、照明线路和手持电动工具等一般可采用额定漏电动作电流不超过30 mA，最大分断时间不大于0.1 s的漏电保护器；对容量为20 kVA以上的动力设备一般选用额定漏电动作电流不超过50 mA，最大分断时间不大于0.1 s的漏电保护器。

（2）在容易发生触电的场所，如潮湿环境、导电粉尘场所、携带式电动工具等，均采用安全电压。同时，为防止人体触及带电体而造成伤亡事故，在分支线路里还应采用高灵敏度、快速型漏电保护器。高灵敏度是指一般额定漏电动作电流不超过 30 mA，快速是指动作时间不大于 0.1 s。

（3）漏电保护器一般应安装在相对垂直的竖向或横向上，周围空气温度为 -5~40 ℃，相对湿度不大于 90%，无显著尘埃，无显著雨淋，且不受冲击和振动的场所，同时必须做好防尘、防雨、防振的措施。

7.5.6　现场照明的安全技术规定

（1）现场用 220 V 的照明线路必须绝缘良好，布线整齐固定，且要经常检查，及时维修；照明灯具悬挂高度应在 2.5 m 以上，如果悬挂高度低于 2.5 m，应设保护罩，且不得任意挪动或当行灯使用。

（2）行灯电压不得超过 36 V，行灯应带有金属保护罩，在潮湿地点、坑、井、沟道或金属内部作业时，行灯电压不得超过 12 V。

（3）铁房子、休息室内的照明线应用橡皮软线，并设漏电保护开关，灯泡功率不大于 100 W；穿过房壁时应套上绝缘保护管，保护管距铁房子内壁应不小于 2.5 cm。

（4）严禁擅自乱接电源。

（5）停电作业要履行停、复电手续。

（6）电气设备检修时，应先切断电源，并挂上"有人工作，严禁合闸!"的标示牌。

（7）一旦出现电气故障要由专业电工排除，非电工人员不得从事电气作业。

（8）电工带电作业必须有两人进行：一人操作，一人监护。

参 考 文 献

[1] 刘国政. 用电安全基础[M]. 郑州: 黄河水利出版社,2001.

[2] 杨岳. 电气安全[M]. 2版. 北京: 机械工业出版社,2010.

[3] 马志溪. 电气工程设计[M]. 北京: 机械工业出版社,2002.

[4] 方大千,等. 安全用电实用技术问答[M]. 北京: 人民邮电出版社,2008.

[5] 朱兆华,等. 电工作业安全技术问答[M]. 北京: 化学工业出版社,2009.

[6] 王厚余. 建筑物电气装置500问[M]. 北京: 中国电力出版社,2009.

[7] 孙家翼. 农村电气安全技术问答[M]. 北京: 水利电力出版社,1990.

[8] 杨有启,钮英建. 电气安全工程[M]. 北京: 首都经济贸易出版社,2000.

[9] 王胡兰,王平. 电气安全技术手册[M]. 北京: 兵器工业出版社,1990.

[10] 周晓东. 电气安全事故分析及其防范[M]. 北京: 机械工业出版社,2000.

[11] 赵莲清. 电气安全知识问答[M]. 北京: 中国劳动出版社,1996.

[12] 杨金夕. 防雷接地及电气安全技术[M]. 北京: 机械工业出版社,2004.

[13] 谈文华等. 实用电气安全技术[M]. 北京: 机械工业出版社,1996.

[14] 邵之祺. 电工作业[M]. 南京: 东南大学出版社,2002.

[15] 杨岳. 供配电系统[M]. 北京: 科学出版社,2007.

[16] 章长东. 工业与民用电气安全[M]. 北京: 中国电力出版社,1996.

[17] 徐国政,等. 高压断路器原理和应用[M]. 北京: 清华大学出版社,2000.

[18] 张九根. 高层建筑电气设计基础[M]. 北京: 中国建筑工业出版社,1998.

[19] 王洪泽,杨丹,王梦云. 电力系统接地技术手册[M]. 北京: 中国电力出版社,2007.

[20] 王厚余. 低压电气装置的设计安装和检验[M]. 2版. 北京: 中国电力出版社,2007.

[21] 杨光臣. 电气安装施工技术与管理[M]. 北京: 中国建筑工业出版社,1998.

[22] 张小青. 建筑物内电子设备的防雷保护[M]. 北京: 电子工业出版社,2002.